临沂大学博士教授文库

LINYIDAXUE BOSHI JIAOSHOU WENKU

临沂湿地

李修岭 著

山东人民出版社

全国百佳图书出版单位 国家一级出版社

图书在版编目(CIP)数据

临沂湿地/李修岭著.—济南:山东人民出版社,2014.12

ISBN 978-7-209-07250-2

Ⅰ.①临… Ⅱ.①李… Ⅲ.①沼泽化地-概况-临沂市 Ⅳ.①P942.523.78

中国版本图书馆CIP数据核字(2013)第139698号

责任编辑:李 楠

临沂湿地

李修岭 著

山东出版传媒股份有限公司

山东人民出版社出版发行

社 址:济南市经九路胜利大街39号 邮 编:250001

网 址:http:// www.sd-book.com.cn

发行部:(0531)82098027 82098028

新华书店经销

山东省东营市新华印刷厂印装

规 格 16开(169mm×239mm)

印 张 12.25

字 数 170千字

版 次 2014年12月第1版

印 次 2014年12月第1次

ISBN 978-7-209-07250-2

定 价 35.00元

前 言

湿地被誉为“地球之肾”，与森林、海洋并称为全球三大生态系统。健康的湿地生态系统，是维护国家生态安全和实现经济、社会可持续发展的基础。湿地是指天然或人工的，永久或暂时的，带有静止或流动、淡水或半咸水及咸水水体，包括低潮时水深不超过6米的海域。沼泽、泥炭地、湿草甸、湖泊、河流、滞蓄洪区、河口三角洲、滩涂、水库、池塘、水稻田以及低潮时水深浅于6米的海域地带等均属于湿地范畴。

根据国家林业局和山东省林业局的统一部署，临沂市于2012年开展第二次湿地资源调查工作。本次湿地资源调查目的是查清临沂市湿地资源及其环境的现状，掌握湿地资源的演变和动态消长规律，对全市湿地资源进行全面、客观分析评价，建立全市湿地资源数据库和管理信息平台，为湿地资源的保护管理和合理利用提供统一完整、及时准确的基础资料和科学依据。

湿地资源调查的范围是符合湿地定义的临沂市境内的各类湿地资源，包括面积在8公顷以上（含8公顷）湖泊湿地、沼泽湿地、人工湿地以及宽度10米以上、长度5千米以上的河流湿地。

本次调查，共获得一般调查数据650份，重点调查数据1500余份，动植物照片20000余张（县区照片15000张）。临沂市调查湿地斑块659块，包括一般调查斑块650块和9块重点调查湿地斑块，湿地类型3类7型，即河流湿地、湖泊湿地和人工湿地三类，永久性河流、季节性或间歇性河流、永久性淡水湖、库塘、水产养殖场和运河、输水河、水稻田7型。湿地调查总面积73477.67公顷（不含水稻田），湿地植被面积12672.02公顷，河流湿地面积 48257. 54 公顷，湖泊湿地面积 522. 25 公顷，人工湿地面积 24697. 88 公顷，另有水稻常年种植面积 65000 公顷，合计湿地总面积 138477. 67 公顷（含水稻田），占临沂全市面积 1719121. 3 公顷的 8. 06%。

调查湿地植物 71 科 269 种，湿地优势植物主要有黑杨、枫杨、银杏、垂柳、旱柳、葎草、灰绿藜、鬼针草、豨莶草、黑藻、苦草、紫萍、浮萍、水蓼、莲子草、醴肠、苍耳、稗草、芦苇等，完成调查表 2150 余份，照片 20000 余张，针对资源状况提出相应保护措施，形成了比较完整的湿地资料数据库，为今后临沂市湿地资源保护、利用、开发提供科学依据。

结合历史资料，外业调查获得动物名录 295 种。现有鸟类资源较为丰富，涉及 17 目 45 科 210 余种，其中留鸟 168 种，夏候鸟 29 种，冬候鸟 13 种。白鹳、白额雁、大天鹅、鸳鸯、鹰、雀鹰、松雀鹰、金雕、鹊鹞、灰背隼、红隼、灰鹤、丹顶鹤、白枕鹤、草鸮、红角鸮、领角鸮、纵纹腹小鸮 18 种被列为国家重点保护野生动物；麝鼹、苍鹭、草鹭、绿鹭、大白鹭、针尾鸭、赤膀鸭、普通秋沙鸭、董鸡、灰斑鸠、四声杜鹃、凤头百灵、太平鸟、黑枕黄鹂、暗绿绣眼鸟、黄雀等 16 种被列为省重点保护野生动物。本地鸟类优势种类主要有树麻雀、家燕、金腰燕、云雀、黑卷尾、白鹡鸰、草百灵、四声杜鹃、大杜鹃、三道眉草鹀、红尾伯劳、虎纹伯劳、牛头伯劳、大山雀、灰喜鹊、沙百灵、白头鹎、黑喉石即鸟、珠颈斑鸠、山斑鸠、黄鹂、金翅雀、绣眼等 45 种，约占实有鸟类的 21%。

此次调查查清了临沂市湿地资源及其环境的现状，建立了湿地资源数据库，形成了统一完整、及时准确的湿地基础资料，可为今后对临沂市湿地资源进行全面、客观的分析评价，以及湿地资源的保护、管理和合理利用和决策提供依据。

临沂市城市水体主要包括滨河景区管辖范围，为临沂市城市湿地主要组成部分，水华的预防及应急预案研究是为湿地更好地体现生态服务价值，构建和谐生态、两型社会的基础。

本次调查在临沂市市委、市政府关心支持下，在山东省林业厅野生动植物保护站和山东省林业科学院大力领导和技术指导下，各县区林业局鼎力支持，全市林业系统通力合作，特别是 100 余位一线调查队员付出了辛勤劳动和不懈努力。在此向关心支持调查工作的各级领导、同志表示感谢，向参加调查工作的同志表示由衷的敬意。

本书的出版得到了山东省自然科学基金“中国野生菱属种质资源的收集与分子鉴定（ZR2013CM002）”、临沂市科技发展计划“基于沂沭河流域的湿地生态系统构建与示范（201412025）”、中央财政江河湖泊生态环境保护专项“云蒙湖生态安全调查与评估（JHHB2014YMH001）”的大力资助。在此一并表示感谢。

限于作者水平，书中难免有错漏之处，在此表示歉意，并热情欢迎读者提出宝贵意见，使我们的工作能够做得更好。

李修岭

2014 年 12 月

目 录

第一章 绪 论

第一节 湿地的定义

湿地具有巨大的生态、经济、社会和文化功能，它不仅为人类的生产、生活提供多种资源，而且在保持水源、净化水质、蓄洪防旱、调节气候、维护生物多样性、应对气候变化方面发挥着不可替代的作用。然而，长期以来，随着人口的增加，工业化、城市化的快速推进，湿地保护与开发利用之间的矛盾日益尖锐，湿地开垦和改造、大规模开发建设、水资源过度利用、无序种植养殖等不合理利用湿地资源的人类活动，已经远远超出了湿地生态系统的承载能力，致使湿地面积持续减少，功能不断下降，不仅直接影响到水资源、粮食资源的安全，影响经济社会的可持续发展，而且对整个地球生命保障系统带来了严重影响。湿地保护已成为全球关注的热点问题。

按《关于特别是作为水禽栖息地的国际重要湿地公约》（以下简称《湿地公约》）定义，湿地系指不问其为天然或人工、常久或暂时之沼泽地、湿草原、泥炭地或水域地带，带有静止或流动、淡水或半咸水或咸水水体者，包括低潮时水深不超过6米的水域。潮湿或浅积水地带发育成水生生物群和水成土壤的地理综合体，是陆地、流水、静水、河口和海洋系统中各种沼生、湿生区域的总称。湿地是地球上具有多种独特功能的生态系统，它不仅为人类提供大量食物、原料和水资源，而且在维持生态平衡、保持生物多样性和珍稀物种资源，以及涵养水源、蓄洪防旱、降解污染、调节气候、补充地下水、控制土壤侵蚀等方面均起到重要作用。

湿地与森林、海洋并称全球三大生态系统，在世界各地分布广泛，包括各种咸水或淡水沼泽地、湿草甸、湖泊、河流以及洪泛平原、河口三角洲、泥炭地、湖海滩涂、河边洼地或漫滩、湿草原等。

湿地是位于陆生生态系统和水生生态系统之间的过渡性地带，在土壤浸泡在水中的特定环境下，生长着很多湿地的特征植物。湿地广泛分布于世界各地，拥有众多野生动植物资源，是重要的生态系统。很多珍稀水禽的繁殖和迁徙离不开湿地，因此湿地被称为“鸟类的乐园”。湿地有强大的生态净化作用，因而又有“地球之肾”的美名。

第二节　湿地的分类

湿地在世界上广泛分布，据估计，全球湿地面积12.8亿公顷。中国于1992年加入《湿地公约》。1995～2003年开展了第一次全国湿地资源调查，根据调查，单块面积大于100公顷的湿地总面积为3848.55万公顷（人工湿地只包括库塘湿地，不包括我国台湾、香港、澳门）。其中，自然湿地3620.05万公顷，库塘湿地228.50万公顷。自然湿地中，沼泽湿地1370.03万公顷，近海与海岸湿地594.17万公顷，河流湿地820.70万公顷，湖泊湿地835.16万公顷。湿地内分布有高等植物2276种，野生动物724种，其中水禽类271种，两栖类300种，爬行类122种，兽类31种，鱼类1000多种。

《湿地公约》对湿地进行了定义以后，又把湿地分为了三大类，一类是内陆湿地，一类是近海与海岸湿地，一是人工湿地。分成这三大类后，又把湿地分成42型。这三大类42型，在我国都有，我国是全球湿地类型最丰富的国家。国家林业局组织的全国湿地资源调查，在分析研究国际上一些主要湿地分类系统，总结国内湿地资源清查中有关湿地分类方法的基础上，结合我国实际情况和湿地资源清查数据管理的需要，提出了中国湿地分级式分类系统。我国根据《湿地公约》的定义，也根据我国的湿地情况，把湿地分成了五大类，也就是《湿地公约》的内陆湿地分成三大类型（一类叫沼泽湿地，一类叫湖泊湿地，一类叫河流湿地），加上近海与海岸湿地（就是我们所说的滨海湿地），还有人工湿地，又把42型整合为34型。国家林业局湿地资源调查技术规程里把42型整合为34型。

山东省湿地资源丰富，湿地类型有近海和海岸湿地、河流湿地、湖泊湿地、沼泽湿地，以及以库塘和稻田为主组成的人工湿地和独特的黄河三角洲湿地。黄河三角洲湿地为中国面积最大、增长最快的新生河口三角洲湿地。全省湿地生物多样性丰富，生活着全国已发现的1/2以上的生物物种，是天然的物种基因库。第一次湿地资源调查结果显示，至1999年，全省共有湿地总面积178.4万公顷，占全省国土总面积的11.38%，其中，近海及海岸湿地面积120.7万公顷，河流湿地面积30.57万公顷，湖泊湿地面积16.5万公顷，沼泽和沼泽化草甸湿地面积0.4万公顷，库塘湿地面积10.23万公顷。

根据国家林业局第二次湿地普查《湿地分类》标准，山东省湿地划分为5类22型。各湿地类、型及其划分标准如下表。

山东省湿地类、型及划分标准

代码	湿地类	代码	湿地型	划分技术标准
1	近海与海岸湿地	101	浅海水域	浅海湿地中，湿地底部基质为无机部分组成、植被盖度<30%的区域，多数情况下低潮时水深小于6米，包括海湾、海峡
		104	岩石海岸	底部基质75%以上是岩石和砾石，包括岩石性沿海岛屿、海岩峭壁
		105	沙石海滩	由砂质或沙石组成、植被盖度<30%的疏松海滩
		106	淤泥质海滩	由淤泥质组成、植被盖度<30%的淤泥质海滩
		107	潮间盐水沼泽	潮间地带形成的植被盖度≥30%的潮间沼泽，包括盐碱沼泽、盐水草地和海滩盐沼
		109	河口水域	从近口段的潮区界（潮差为零）至口外海滨段的淡水舌锋缘之间的永久性水域
		110	三角洲/沙洲/沙岛	河口系统四周冲积的泥/沙滩、沙洲、沙岛（包括水下部分），植被盖度<30%
		111	海岸性咸水湖	地处海滨区域有一个或多个狭窄水道与海相通的湖泊，包括海岸性微咸水、咸水或盐水湖
		112	海岸性淡水湖	起源于泻湖，与海隔离后演化而成的淡水湖泊
2	河流湿地	201	永久性河流	常年有河水径流的河流，仅包括河床部分
		202	季节性或间歇性河流	一年中只有季节性（雨季）或间歇性有水径流的河流
		203	洪泛平原湿地	在丰水季节由洪水泛滥的河滩、河心洲、河谷、季节性泛滥的草地以及保持了常年或季节性被水浸润内陆三角洲所组成

续表

代码	湿地类	代码	湿地型	划分技术标准
3	湖泊湿地	301	永久性淡水湖	由淡水组成的永久性湖泊
		303	季节性淡水湖	由淡水组成的季节性或间歇性淡水湖（泛滥平原湖）
4	沼泽湿地	402	草本沼泽	由水生和沼生的草本植物组成优势群落的淡水沼泽
		403	灌丛沼泽	以灌丛植物为优势群落的淡水沼泽
		409	淡水泉/绿洲湿地	由露头地下泉水补给为主的沼泽
5	人工湿地	501	库塘	为蓄水、发电、农业灌溉、城市景观、农村生活为主要目的而建造的，面积不小于8公顷的蓄水区
		502	运河、输水河	为输水或水运而建造的人工河流湿地，包括灌溉为主要目的的沟、渠
		503	水产养殖场	以水产养殖为主要目的而修建的人工湿地
		504	稻田/冬水田	能种植一季、两季、三季的水稻田或者是冬季蓄水或浸湿的农田
		505	盐田	为获取盐业资源而修建的晒盐场所或盐池，包括盐池、盐水泉

第三节　中国湿地面临的主要问题

一、对湿地的盲目开垦和改造

湿地开垦、改变天然湿地用途和城市开发占用天然湿地是造成我国天然湿地面积削减、功能下降的主要原因。自20世纪50年代起到1997年，长江河口湿地已被围垦的滩涂达7.85万公顷，相当于辖区陆域面积的12.39%。全国围垦湖泊面积达130万公顷以上，因围垦而消失的天然湖泊近1000个。湖北省50年代有湖泊1332个，总面积达8528.2千米^2，到80年代，湖泊个数已减少到843个，湖泊面积亦相应减少为2983.5千米^2。

我国的沼泽湿地由于泥炭开发和作为农用地开垦，面积也急剧减少。三江平原是中国最大的平原沼泽集中分布区，据统计1975年三江平原自然沼泽面积为217万公顷，占平原面积的32.5%；1983年沼泽面积下降到183万公顷，占平原面积的27%；到1995年沼泽面积仅有104万公顷，占平原面积的16%。而且随着湿地面积的减小，湿地生态功能明显下降，生物多样性降低，出现生态环境恶化现象。

二、湿地污染加剧

湿地环境污染是中国湿地面临的最严重的威胁之一，不仅对生物多样性造成严重危害，也使水质变坏。污染湿地的因子包括大量工业废水、生活污水的排放，油气开发等引起的漏油、溢油事故，以及农药、化肥引起的面源污染等，而且环境污染对湿地的威胁正随着工业化进程的发展而迅速加剧。

三、生物资源过度利用

中国重要的经济海区和湖泊，酷渔滥捕的现象十分严重，不仅使重要的天然经济鱼类资源受到很大的破坏，而且严重影响着这些湿地的生态平衡，威胁着其他水生物种的安全。生物资源的过度利用导致资源下降，致使一些物种甚至趋于濒危。生物资源的过度利用还导致湿地生物群落结构的改变以及多样性的降低。

四、水土流失和泥沙淤积日益严重

大江、大河上游的森林砍伐影响了流域生态平衡，使来水量减少，河流泥沙含量增大，造成河床、湖底等淤积，并使湿地面积不断减小，功能衰退，洪涝灾害加剧。

水库是中国重要的人工湿地，目前其泥沙淤积问题也令人担忧。1949 年以来，中国已建成 8.4 万座大中小型水库，库容 4600 亿米^3 以上。现淤死 1000 亿米^3 以上，直接经济损失 200 亿～300 亿元。如果把发电、灌溉、养殖、航运等损失计算在内，损失更加惊人。

五、水资源的不合理利用

水资源的不合理利用主要表现为在湿地上游建设水利工程，截留水源，以及注重工农业生产和生活用水，而不关注生态环境用水。水资源的不合理利用将严重威胁着湿地的存在，并有不断加重的趋势。

六、湿地保护投入不够

我国的湿地总面积达到了 3838.55 万公顷，但到目前为止的湿地保护投入总计为1.9亿元，新中国成立以来平均每公顷湿地的保护投入不足5元。另外，湿地类型保护区的经费和设备的严重不足也制约了湿地的保护管理工作。

七、湿地保护管理体制不完善

湿地保护与管理牵涉面广，涉及部门多，不同地区和部门在湿地开发利用方面存在各行其是、各取所需的现象，矛盾非常突出。采油、旅游、捕鱼、造纸、采盐、开荒、养殖、狩猎等都在向湿地要产品、要效益，而出现问题难以协调和解决，严重影响了对湿地的保护和合理利用。

第二章　临沂基本情况

第一节　自然概况

一、地理位置

临沂市位于山东省东南部，东邻日照市，南邻江苏省，西接枣庄、济宁两市，北靠泰安、莱芜、淄博和潍坊市。地跨东经 117°24′～119°11′，北纬 34°22′～36°2′，南北最大长距 204 千米，东西最大宽距 161 千米，辖三区九县，总面积 17184.1 千米^2，占山东省的 1/9，是山东省面积最大的市。

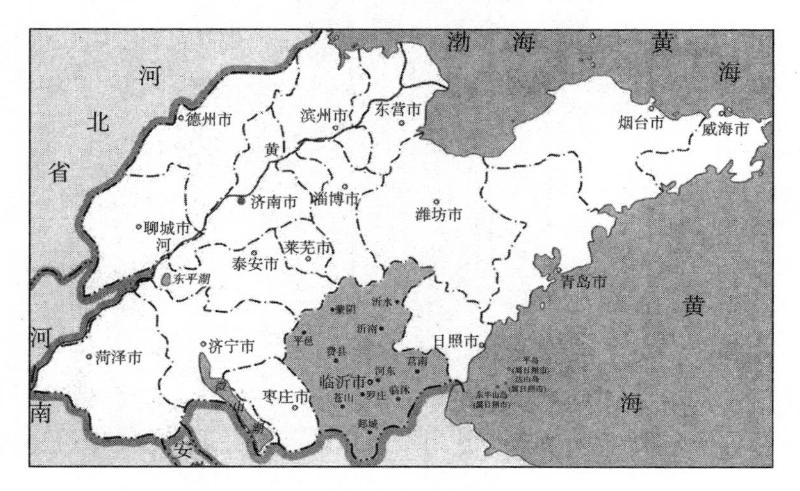

图 2－1　临沂市地理位置（来源：临沂市政府网站）

二、地质地貌

临沂市地处鲁中南低山丘陵区东南部和鲁东丘陵南部，地势西北高、东南低。自北而南，有鲁山、沂山、蒙山、尼山四条主要山脉，呈西北东南向延伸，控制着沂沭河上游及其主要支流的流向。以沂沭河流域为中心，北、西、东三面群山环抱，向南构成扇状冲积平原。境内山多河多，地形地貌复杂，既有坦荡的平原，又有连绵起伏的丘陵，还有层峦叠嶂的山区及纵横交错的河流。山丘面积占总面积的72%，有大小山头6000余座，海拔一般为200～500米，最高峰蒙山龟蒙顶海拔1156米，为山东第二高峰。平原面积占28%，主要分布在兰山、罗庄、河东三区及郯城、苍山（苍山县已于2014年1月正式更名为兰陵县）等县。水系发育呈脉状分布，有沂、沭、汶、祊四大水系，沂、沭河纵贯南北。

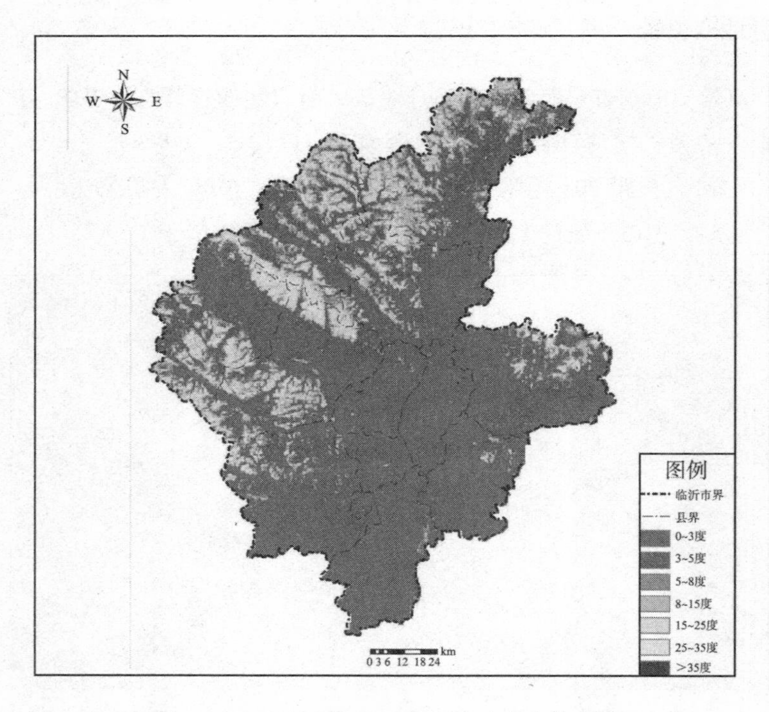

图2－2 临沂市坡度图（来源：刘前进等绘制）

三、土壤

临沂境内地质构造复杂。沂蒙山系的核心部分由岩浆岩组成，山体两翼由变质岩、沉积岩构成；西南部丘陵以寒武纪、奥陶纪、二叠纪灰岩为主；东部丘陵主要由古老的片麻岩、花岗岩和闪长岩构成；中南部平原属第四纪冲积、洪积地貌，地表覆有深厚的冲积层。

全市土壤主要有棕壤、褐土、潮土、砂姜黑土和水稻土五个土类。棕壤是境内的主要土类，占可利用面积的46%，主要分布于沂蒙山地片麻岩、花岗岩的山丘地区和沭东丘陵区。褐土类在全市属第二位，占可利用面积的33.2%，主要分布在西南部丘陵区和沂蒙山地沉积岩地区。潮土类占可利用面积的13.4%，主要分布于沂、沭河及其主要支流的冲、洪积平原上。砂姜黑土占可利用面积的4.7%，主要分布在南部平原的槽形洼地中。水稻土占可利用面积的2.7%，是由于实行水耕水种人为活动影响发育而成的幼龄土壤，主要分布在沂、沭、祊河两岸的平原上。

四、气候

临沂市属暖温带季风大陆性气候区，具有四季分明、气候温和、光照充分、雨量集中、雨热同步、无霜期长的特点，历年平均气温为13.2℃，年平均日照时数2421.2小时，大于10℃的积温4409.1小时，无霜期为180～230天，年降水量886.6毫米，为全省暴雨中心。6～9月份降水量占全年降水量的78.5%，降水集中，暴雨频繁。一次50毫米以上的暴雨，每年平均3～4次，多者6～8次；100毫米以上的大暴雨，历年平均0.3次，日最大降雨量为516毫米。由于暴雨多、强度大，对土壤的剥蚀力强，极易形成水土流失。全市有较大的水库90座，库容量34亿米^3，其中岸堤水库设计库容7.4亿米^3。

五、水文

水资源丰富，水质优良，大都符合人畜饮水和工农业用水标准。多年平均年降水量824.8毫米，多年平均年地表水资源量51.6亿米^3，水资源总量59.6亿米^3。平均年水资源总量54.7亿米^3，枯水年水资源总量38.2亿米^3，特枯水年水资源总量22.1亿米^3，现有水利工程平水年可供水量31.8亿米^3，其中地表水可供水量25亿米^3。

境内水系发育呈脉状分布。有沂河、沭河、中运河、滨海四大水系，区域划分属淮河流域。主要河流为沂河和沭河，有较大支流1035条，中小支流15000余条。10千米以上河流300余条。沂河主源发源于沂源、蒙阴、新泰交界处的老松山北麓，流经沂水、沂南、兰山、河东、罗庄、苍山、郯城等县区，流入江苏省境内后注入黄海，全长570千米，境内流长287.5千米，最大流量15400米^3/秒（1957年）。较大支流有东汶河、蒙河、柳青河、祊河、涑河、李公河、白马河等，流域面积10790余千米^2。沭河发源于沂山南麓，流经沂水、莒县、河东、临沭、郯城等县区，至江苏境流入黄海，境内流长252.6千米，最大流量7290米^3/秒（1974年）。较大支流有浔河、高榆河、汤河分沂入沭水道、夏庄河、朱范河等，流域面积5320千米^2。沂、沭两河流域面积占全市总面积的70%以上。属中运河水系的河流有武河、武河引洪道、东加河、西加河和燕子河等，都经苍山县境内，南至江苏省境流入中运河。滨海水系河流有绣针河、相邸河、青口河等，皆入黄海。另有沂水东北部小部分河流属潍河大沽河水系流域。境内河流，均属山洪河道，上游支流众多，源短流急，雨季洪水暴涨，峰高量大，而枯水季则多数断流。境内建有岸堤、跋山、沙沟、陡山、许家崖、唐村、会宝岭等大型水库7座，中型水库29座，小型水库899座，拦河闸坝22处，总拦蓄能力34亿米^3。沂沭河下游兴建了沂河沭河洪水东调工程和武河分洪工程，兴利除害，河流状况大为改善。

六、动、植物概况

全市生物资源丰富。高等植物有151科1043种（包括变型或亚种）。其中，木本植物65科367种，主要有油松、赤松、侧柏、刺槐、板栗、柿子、核桃、山楂、梨、苹果、桃、杏、花椒、杨、柳、泡桐、马尾松、水杉、毛竹、茶树、紫穗槐、胡枝子、酸枣、白蜡、荆条等；药用植物830多种（含药用农作物及木本植物），主要有金银花、玄参、太子参、丹参、枣仁、灵芝、杜仲等；主要农作物品种923个，有小麦、玉米、地瓜、谷子、大豆、花生、棉花等；蔬菜品种200多个；稀有作物有香稻、小米豌豆、蚕豆等10余种。动物约14纲1049种，其中淡水鱼15科57种，鸟类37科171种，哺乳类7目25种。此外，还有昆虫类动物541种，蜘蛛类动物117种。名优土特产有金银花、银杏、大蒜、板栗、山楂、黄梨、苹果、花椒、蚕茧、白柳、琅琊草、全蝎、蟾酥等。

第二节　社会经济状况

一、行政区划、人口、民族

临沂市现辖兰山区、罗庄区、河东区、临沂高新技术产业开发区、临沂经济技术开发区、临沂临港经济开发区、蒙山旅游区七区，以及郯城、莒南、沂水、蒙阴、平邑、费县、沂南、临沭九县。

临沂市总面积 171.8 千米^2，其中耕地面积 95.7 公顷；总人口 1019.4 万人，其中非农业人口 200 万人。有 250 个乡镇办事处，9544 个行政村，汉族、回族、满族、朝鲜族、壮族、彝族、苗族、蒙古族、藏族等 33 个民族的人民共同生活在沂蒙山区这块富饶美丽的土地上。

图 2－3　临沂市政区图（来源：临沂市政府网站）

二、经济发展及工业、农业生产情况

2011 年，全市规模以上工业完成增加值 1230.7 亿元，增长 16.4%，其中轻工业完成增加值 403.4 亿元，重工业完成增加值 827.3 亿元，分别增长 10.5% 和

19.6%。全市七大传统型支柱产业发展态势良好，完成增加值891.8亿元，增长18%，占规模以上工业增加值的比重为72.5%。“四新一高”产业完成增加值153.8亿元，占规模以上工业增加值的12.5%，增长22.6%。高新技术产业稳定增长，完成产值1162.1亿元，占规模以上工业总产值的20.6%，占比比年初提高1.1个百分点。

工业效益较快增长。规模以上工业企业实现主营业务收入5717.2亿元、利税491.5亿元、利润340.3亿元，分别增长32.1%、32.7%和34.1%。941家企业实现利税过千万元，增加215家，其中利税过亿元企业45家，增加6家。

农林牧渔业平稳发展。农业增加值201.7亿元，比上年增长3.3%；林业增加值10.9亿元，增长4.1%；牧业增加值52亿元，增长5.8%；渔业增加值7.3亿元，增长3.4%；农林牧渔服务业增加值7.1亿元，增长5.3%。粮食连续八年增产，总产量达到477.4万吨，其中夏粮211.4万吨，秋粮266万吨；粮食亩产419千克。油料、蔬菜等主要经济作物产量继续增加：花生总产82.5万吨，增长2.1%；水果总产198.5万吨，增长8.5%；蔬菜总产600.5万吨，增长4.1%；烤烟产量3.6万吨，增长10.2%；棉花产量1.3万吨。

林业生态建设取得新进展。2011年新造林43.6万亩，其中，用材林8.39万亩，经济林11.95万亩，防护林22.11万亩。

第三章　湿地调查内容与方法

第一节　调查的范围

一、调查范围

本次湿地资源调查的范围是符合湿地定义的临沂市境内的各类湿地资源，包括面积在8公顷以上（含8公顷）湖泊湿地、沼泽湿地、人工湿地以及宽度10米以上、长度5千米以上的河流湿地。

二、调查分类

根据湿地的重要性、调查内容的不同，分为一般调查和重点调查。

一般调查是指对所有符合调查范围要求的湿地斑块进行面积、湿地型、分布、植被类型、主要优势植物和保护管理状况等内容的调查。

重点调查是指对符合以下条件之一的湿地进行的详细调查：

①已列入《湿地公约》的国际重要湿地名录的湿地；

②已列入《中国湿地保护行动计划》的国家重要湿地名录的湿地；

③已建立的各级自然保护区、自然保护小区中的湿地；

④已建立的湿地公园中的湿地；

⑤除以上条件之外，符合下列条件之一的湿地：

我省特有类型的湿地，分布有特有的濒危保护物种的湿地，面积≥10000公顷的近海与海岸湿地、湖泊湿地、沼泽湿地和水库，其他具有特殊保护意义的湿地。

根据以上条件，全市重点调查的湿地有6个，实际调查9个斑块。

表3-1　　临沂市重点调查湿地名录

序号	湿地名称	所属行政区划	备注
1	临沂武河国家湿地公园	罗庄区	国家湿地公园
2	岸堤水库湿地	蒙阴	具有特殊保护意义湿地
3	沂河湿地	沂水县（跋山水库上游）	具有特殊保护意义湿地
4	沂河湿地	沂水县（跋山水库）	具有特殊保护意义湿地
5	沂河湿地	沂水县（跋山水库下游）	具有特殊保护意义湿地
6	沂河湿地	沂南县县	具有特殊保护意义湿地
7	会宝岭水库	苍山县	具有特殊保护意义湿地
8	沭河省级湿地公园	临沭县	省级湿地公园
9	祊河省级湿地公园	兰山区	省级湿地公园

三、调查内容

一般调查，对所有符合调查范围的湿地，调查湿地型、面积、分布（行政区、中心点坐标）、平均海拔、所属流域、水源补给状况、植被类型及面积、主要优势植物种、土地所有权、保护管理状况、河流湿地的河流级别。

重点调查，除一般调查所列内容外，还应调查：

①自然环境要素，包括位置（坐标范围）、平均海拔、地形、气候、土壤；

②湿地水环境要素，包括水文要素、地表水和地下水水质；

③湿地野生动物，重点调查湿地内重要陆生和水生脊椎动物（包括鸟类、兽类、两栖类、爬行类和鱼类），以及在该湿地内占优势或数量很大的无脊椎动物，如软体动物（贝类、螺类）、节肢动物（虾类、蟹类）等的种类组成、数量分布及生活状况；

④湿地植物群落和植被；

⑤湿地保护与管理、湿地利用状况、社会经济状况和受威胁状况。

四、调查区划

湿地区是指由多块湿地斑块组成、具有一定的水文联系和生态功能的湿地复合体。在划分湿地区时，应考虑湿地生态系统的完整性和地貌单元的独立性，符合下述条件的湿地应单独划为一个湿地区，其他零星湿地则以县域为单位区划，按县级行政区域名称命名。

结合第一次临沂市湿地资源调查成果将全市划分出12个湿地区。其中，4个是由多块湿地斑块组成、具有一定的水文联系和生态功能的单独区划的湿地区；12个是以县域为单位的零星湿地区，按所在县级行政区域名称命名湿地区。实际调查中，临沂市以县域为单位开展调查。

表3－2　　临沂市湿地区名录

序号	湿地区名称	湿地区编码	行政区域名称	主要湿地类型
1	兰山区零星湿地区	371302	兰山区	
2	罗庄区零星湿地区	371311	罗庄区	
3	河东区零星湿地区	371312	河东区	
4	沂南县零星湿地区	371321	沂南县	
5	郯城县零星湿地区	371322	郯城县	
6	沂水县零星湿地区	371323	沂水县	
7	苍山县零星湿地区	371324	苍山县	
8	费县零星湿地区	371325	费县	
9	平邑县零星湿地区	371326	平邑县	
10	莒南县零星湿地区	371327	莒南县	
11	蒙阴县零星湿地区	371328	蒙阴县	
12	临沭县零星湿地区	371329	临沭县	

五、湿地斑块划分

湿地斑块是湿地资源调查、统计的最小基本单位。下列区划因子之一有差异时，应单独划分湿地斑块：

三级流域不同，湿地型不同，县级行政区域不同，土地所有权不同，保护状况不同，湿地受威胁等级不同，湿地主导利用方式不同。

单个湿地小于8公顷，但各湿地之间相距小于160米，且湿地型相同的，区划为同一湿地斑块，但仅统计湿地的面积。

单块湿地大于8公顷，由于县域被划分为面积不等但都小于8公顷的两块或多块湿地，由几块湿地中面积最大的湿地所属县负责该斑块调查。

根据山东省林业局下发的722块斑块，经过判读与现场实地验证，实际调查659个斑块。

六、湿地斑块的边界界定

1. 河流湿地

河流湿地按调查期内的多年平均最高水位所淹没的区域进行边界界定。

河床至河流在调查期内的年平均最高水位所淹没的区域为洪泛平原湿地，包括河滩、河心洲、河谷、季节性泛滥的草地以及保持了常年或季节性被水浸润的内陆三角洲。如果洪泛平原湿地中的沼泽湿地区面积不小于8公顷，需单独列出其沼泽湿地型，统计为沼泽湿地。如沼泽湿地区小于8公顷，则统计到洪泛平原湿地中。

常年断流的河段连续10年或以上断流则断流部分河段不计算其湿地面积，否则为季节性和间歇性河流湿地。

河流湿地型及其界定标准按表3－3进行。

表3－3　　河流湿地型及其现地界定标准

代码	湿地型	现地界定标准
201	永久性河流	永久性河流仅包括河床部分，采用的遥感影像图上有明显河道和水流痕迹
202	季节性或间歇性河流	在所用遥感影像图上有明显河道痕迹，干旱地区的全部断流河段包括在内
203	洪泛平原湿地	河床至河流多年平均最高水位所淹没的河滩、河心洲、河谷、季节性泛滥的草地、内陆三角洲

2. 湖泊湿地

如湖泊周围有堤坝，则将堤坝范围内的水域、洲滩等统计为湖泊湿地。

如湖泊周围无堤坝，将湖泊在调查期内的多年平均最高水位所覆盖的范围统计为湖泊湿地。

如湖泊内水深不超过2米的挺水植物区面积不小于8公顷，需单独将其统计为沼泽湿地，并列出其沼泽湿地型；如湖泊周围的沼泽湿地区面积不小于8公顷，需单独列出其沼泽湿地型；如沼泽湿地区小于8公顷，则统计到湖泊湿地中。

湖泊湿地型及其界定标准按表 3－4 进行。

表 3－4　　湖泊湿地型及其现地界定标准

代码	湿地型	现地界定标准
301	永久性淡水湖	由淡水组成的永久性湖泊
303	季节性淡水湖	由淡水组成的季节性或间歇性淡水湖（泛滥平原湖）

3. 沼泽湿地

沼泽湿地是一种特殊的自然综合体，凡同时具有以下三个特征者均统计为沼泽湿地：受淡水或咸水、盐水的影响，地表经常过湿或有薄层积水；生长有沼生和部分湿生、水生或盐生植物；有泥炭积累，或虽无泥炭积累但土壤层中具有明显的潜育层。

在野外对沼泽湿地进行边界界定时，首先根据其湿地植物的分布初步确定其边界，即某一区域的优势种和特有种是湿地植物时，可初步认定其为沼泽湿地的边界；再根据水分条件和土壤条件确定沼泽湿地的最终边界。

本次调查中，将不全部具有沼泽湿地三个特征的沼泽化草甸、地热湿地、淡水泉或绿洲湿地统计为沼泽湿地。

沼泽湿地型及其界定标准按表 3－5 进行。

表 3－5　　沼泽湿地型及其现地界定标准

代码	湿地型	现地界定标准
402	草本沼泽	由水生和沼生的草本植物组成优势群落的淡水沼泽
403	灌丛沼泽	以灌丛植物为优势群落的淡水沼泽
409	淡水泉/绿洲湿地	由露头地下泉水补给为主的沼泽

4. 人工湿地

人工湿地包括面积不小于 8 公顷的库塘、运河、输水河、水产养殖场、稻田/冬水田和盐田等。人工湿地型及其界定标准按表 3－6 进行。

表 3－6　　人工湿地型及其现地界定标准

代码	湿地型	现地界定标准
501	库塘	为蓄水、发电、农业灌溉、城市景观、农村生活而导致的积水区，包括水库、农用池塘、城市公园景观水面等
502	运河、输水河	为输水或水运而建造的人工河流湿地，包括以灌溉为主要目的的沟、渠
503	水产养殖场	包括淡水养殖的鱼池、虾池和沿岸高位养殖场所。淡水养殖场一般有规则分布在自然湖区和河流湿地周边，区划时与农用库塘相区别。沿岸高位养殖场区划时与近海与海岸湿地相区别
504	稻田/冬水田	能种植一季、两季、三季的水稻田或是冬季蓄水或浸湿的农田
505	盐田	为获取盐业资源而修建的晒盐场所或盐池，包括盐池、盐水泉。区划时与近海与海岸湿地相区别

第二节　一般调查

一、调查方法

采用以遥感（RS）为主、地理信息系统（GIS）和全球定位系统（GPS）为辅的“3S”技术。通过遥感解译获取湿地型、面积、分布（行政区、中心点坐标）、平均海拔、植被类型及其面积、所属三级流域等信息。通过野外调查、现地访问和收集最新资料获取水源补给状况、主要优势植物种、土地所有权、保护管理状况等数据。

对无法获取清晰的遥感影像数据的区域或遥感无法解译的湿地型和植被类型，则应通过实地调查来完成。

1. 遥感判读准备工作

（1）获取调查区相关图件和资料

图件：包括调查区地形图、土地利用现状图、植被图、湿地、流域等专题图。

资料：包括调查区有关的文字资料和统计数据等。

（2）遥感数据源的选择

遥感数据的获取应在保证调查精度的基础上，根据实际情况采用特定的数据源。一般应保证分辨率在 20 米以上，云量小于 5%，最好选择与调查时相最接近的遥感影像，其时间相差一般不应超过 2 年。

（3）遥感数据源处理

对遥感数据要以湿地资源为主体进行图像增强处理，并根据 1∶5 万地形图进行几何精校正。经过处理的遥感影像数据，按标准生成数字图像或影像图。

（4）解译人员的培训

为了保证遥感数据解译的准确性，要对参加解译的人员进行技术培训，熟悉技术标准，掌握 GIS 与遥感技术的基础理论及相关软件的使用。解译人员除进行遥感判读知识培训外，还应进行专业知识的学习和野外实践培训等。

（5）建立分类系统及代码

具体参见湿地分类技术标准与湿地编码。

2. 建立解译标志

（1）选设 3～5 条调查线

调查线选设原则为：在遥感假彩色上色彩齐全，对工作区有充分代表性，实况资料好，类型齐全，交通方便。

（2）线路调查

通过对遥感假彩色相片识别，利用 GPS 等定位工具，建立起直观影像特征和地面实况的对应关系。

（3）室内分析

依据野外调查确定的影像和地物间的对应关系，借助有关辅助信息（湿地图、水系图、湿地分布图及有关物候等资料），建立遥感假彩色影像上反映的色调、形状、图形、纹理、相关分布、地域分布等特征与相应判读类型之间的相关关系。

（4）制定统一的解译标准，填写判读解译标志表

通过野外调查和室内分析对判读类型的定义、现地景观形成统一认识，并对各类型在遥感信息影像上的反映特征的描述形成统一标准，形成解译标志，填写判读解译标志表。不同遥感影像资料或遥感影像资料时相差异大的，应分别建立遥感解译标志。

（5）判读工作的正判率考核

选取 30～50 个判读点，要求判读人员对湿地型进行识别。只有湿地型正判率超过 90% 时才可上岗。不足 90% 者，进行错判分析和纠正，并第二次考核，直至正判率超过 90% 。并填写判读考核登记表和修订判读解译标志表。

3. 判读解译

（1）人机交互判读

判读工作人员在正确理解分类定义的情况下，参考有关文字、地面调查资料等，在GIS软件支持下，将相关地理图层叠加显示，全面分析遥感影像数据的色调、纹理、地形特征等，将判读类型与其所建立的解译标志有机结合起来，准确区分判读类型。以面状图斑和线状地物分层解译。建立判读卡片并填写遥感信息判读登记表。

（2）图斑判读要求

以图斑为基本单位进行判读时，采用遥感影像图进行勾绘判读或在计算机屏幕上直接进行勾绘判读为主，GPS野外定位点为辅。每个判读样地或图斑要按照一定规则进行编号，作为该判读单位的唯一识别标志。并按判读单位逐一填写判读因子，生成属性数据库。

（3）河流的判读

判读范围为宽度在10米以上、长度在5千米以上的全省小型河流。如果遥感影像达不到解译要求，可以采用典型调查的方式进行，即借助地形图和GPS野外定点调查现地调绘。

（4）双轨制作业

以样地为单位进行判读时，要求两名判读人员对同幅地形图内的遥感判读样地分别进行判读登记。判读类型一致率在90%以上时，可对不同点进行协商修改，达不到时重判。

以图斑为单位进行判读时，要求一人按图斑区划因子进行图斑区划并进行判读，另一人对前一人的区划结果进行检查，发现区划错误时经过协商进行修改；区划确定后第二人进行“背靠背”判读，判读类型一致率在90%以上时，可对不同图斑进行协商修改，达不到时重判。

（5）质量检查

质量检查是对遥感影像的处理、解译标志的建立、判读的准备与培训、判读及外业验证等各项工序和成果进行检查。组织对当地熟悉和有判读实践经验的专家对解译结果进行检查验收，对不合理及错误的解译及时纠正。

4. 湿地型的判读精度要求

沼泽湿地：85%以上。

其他湿地：90%以上。

5. 数据统计

（1）面积求算

遥感影像解译完成后，在GIS软件中，将面状湿地解译图、线状湿地解译图、分布图和境界图进行叠加分析，求算各图斑的面积，面积单位为公顷，输出的数据保持小数点后两位。解译出的主要单线河流的面积统计，可根据野外调查给出平均宽度而求得。

（2）统计

分县（市、区）统计各湿地类、湿地型及其面积和其他相关数据，也可按二级流域统计各湿地型的面积。

二、调查内容

在一般调查中，对每个湿地斑块应调查以下内容：

①湿地斑块名称：根据现有的湿地斑块名称（如李公河、陡山水库等）或地形图上就近的自然地物、居民点等进行命名。

②湿地斑块序号：按照湿地斑块在湿地区中的顺序进行填写。

③所属湿地区名称：按照山东省湿地区名录中所列的湿地区名称填写。

④湿地区编码：按照山东省湿地区名录中所列的湿地区编码填写。

⑤湿地型：按照第七条湿地分类中山东省湿地类、型及划分标准进行填写。

⑥湿地面积（公顷）：直接填写遥感影像解译的湿地斑块的面积。

⑦湿地分布：分所属县（市、区）和斑块中心点地理坐标填写，现地采用GPS测量或从地形图上读取。

⑧所属流域：按照第八条流域分类中表2（山东省一、二、三级流域及代码），填写到三级流域。

⑨河流级别：需填写河流级别，仅河流湿地填写。

⑩近海与海岸湿地：需填写潮汐类型、盐度（‰）和水温（℃）。

⑪平均海拔（米）：填写湿地斑块的平均海拔，现地采用GPS测量。

⑫水源补给状况：采用现地调查，按照地表径流补给、大气降水补给、地下水补给、人工补给、综合补给5个类型填写。

⑬土地所有权：分国有和集体所有填写。

⑭湿地植被类型及面积（公顷）：以遥感解译为主，配合野外现地调查验证。

⑮群系名称：以遥感解译为主，配合野外现地调查验证。

⑯优势植物：现地调查，填写主要优势植物种。

⑰湿地斑块区划因子：根据湿地斑块区划原则填写划分湿地斑块的因子。存在多个因子时，可以重复填写或选择。

⑱保护管理状况：调查已采取的保护管理措施。选择填写没有保护形式、森林公园、水源保护区、风景名胜区、海洋特别保护区、海洋公园。

第三节　重点调查

一、调查方法

对重点调查的湿地斑块采用以遥感（RS）为主、地理信息系统（GIS）和全球定位系统（GPS）为辅的“3S”技术，即通过遥感解译获取湿地型、面积、分布（行政区、中心点坐标）、平均海拔、所属三级流域等信息。通过野外调查、现地访问和收集最新资料获取水源补给状况、土地所有权等数据。对无法获取清晰的遥感影像数据的区域或遥感无法解译的，则应通过实地调查来完成。

自然环境要素、水环境要素、湿地野生动物、湿地植物群落与植被、湿地保护与利用状况、受威胁状况等的重点调查，以重点调查湿地为调查单元，根据调查对象的不同，分别选取适合的时间和季节、采取相应的野外调查方法开展外业调查，或收集相关的资料。

二、调查内容

在重点调查中，每个湿地斑块应调查以下内容：

①湿地斑块名称：根据现有的湿地斑块名称或地形图上就近的自然地物、居民点等进行命名。

②湿地斑块序号：按照湿地斑块在湿地区中的顺序填写。

③所属重点调查湿地名称：填写湿地斑块所在的重点调查湿地名称。

④所属湿地区名称：按照湿地区名录中所列的湿地区名称填写。

⑤湿地区编码：按照湿地区名录中所列的湿地区编码填写。

⑥湿地型：按照第七条湿地分类中山东省湿地类、型及划分标准所列的22个湿地型填写。

⑦湿地面积（公顷）：直接填写遥感影像解译的湿地斑块的面积。

⑧湿地分布：分县级行政区和斑块中心点地理坐标填写，现地采用GPS测量或从地形图上读取。

⑨所属流域：按照山东省一、二、三级流域及代码，填写到三级流域。

⑩河流级别：仅河流湿地需填写。

⑪平均海拔（米）：填写湿地斑块的平均海拔，现地采用GPS测量。

⑫水源补给状况：按照地表径流补给、大气降水补给、地下水补给、人工补给、综合补给5个类型填写。

⑬潮汐类型、盐度（‰）和水温（℃）：仅近海与海岸湿地需填写。全省潮汐类型按半日潮填写，其他通过收集相关资料获得。

⑭土地所有权：分国有和集体所有。

⑮主导利用方式：根据湿地的利用方式分类，填写湿地的主导利用方式。

⑯湿地植被面积（公顷）：以遥感解译为主，配合野外现地调查验证。

⑰群系名称：填写野外调查到的湿地植物群系名称。

⑱优势植物：填写野外调查到的主要优势植物种。

⑲湿地斑块区划因子：根据湿地斑块区划原则填写划分湿地斑块的因子，存在多个因子时可以重复填写或选择。

⑳保护管理状况：没有保护形式，自然保护区，自然保护小区，湿地公园，湿地多用途管理区，其他保护形式。

重点调查湿地同时也是单独区划的湿地区时，如果单独区划的湿地区边界大于重点调查的湿地边界（指自然保护区、湿地公园），大于部分按一般湿地调查。

三、自然环境要素调查

1. 调查方法

主要通过野外调查和收集最新资料获取。野外调查是对湿地设立一定的典型样地进行调查，典型样地的数量要求包含整个湿地的各种资源和生境类型。对野外难以获取的数据，可以从附近的气象站和生态监测站等收集，但应注明该站的地理位置（经纬度）。

2. 湿地地貌调查

以重点调查湿地的主体地貌作为湿地地貌，根据野外观察到的地貌类型填写。

3. 湿地气候要素调查

①年降水量（毫米）：多年平均值和变化范围（毫米）。

②年均蒸发量（毫米）：不同型号蒸发器的观测值，应统一换算为 E601 型蒸发器的蒸发量。

③年均气温（℃）：多年平均气温和变化范围。注明 7 月均温和 1 月均温，极端最低气温，并注明资料年代。

④积温（℃）：≥0℃和≥10℃的多年平均积温。

⑤资料来源：填写气象资料的出处和年份。

4. 湿地土壤类型调查

通过野外土壤剖面调查或收集资料。如来源于资料，需注明资料出处和年份。

湿地土壤类型调查划分到土类。参照山东省土壤类型划分表填写。

四、水环境要素调查

1. 调查方法

对重点调查的湿地斑块，通过野外调查方法获取湿地水文数据。对无法开展野外调查的，可从附近的水文站和生态监测站等收集相关资料，但应注明该站的地理位置（经纬度）。

水质调查项目主要通过收集、购买最近年份资料的方法获取相关数据，需注明资料出处和年份。如果通过收集、购买资料的方法不能满足需要，则应采取野外选取典型地点采集地表水和地下水的水样，由专业资质的单位进行化验分析的方法，获取相关数据。

2. 湿地水文调查

①水源补给状况：分为地表径流补给、大气降水补给、地下水补给、人工补给和综合补给 5 种类型。如数据来源于资料，注明资料出处。

②流出状况：分为永久性、季节性、间歇性、偶尔或没有 5 种类型。如数据

来源于资料，注明资料出处。

③积水状况：分为永久性积水、季节性积水、间歇性积水和季节性水涝4种类型。如数据来源于资料，注明资料出处。

④水位（米）：地表水位包括年丰水位（每年6月、7月、8月份）、年平水位（每年4月、5月份和9月、10月份）和年枯水位（每年11月至次年3月份），采用自记水位计或标尺测量，或从水文站和生态站获取，注明资料出处和年份。

⑤水深（湖泊、库塘，米）：包括最大水深和平均水深。从水利等部门获取有关资料，注明资料出处和年份。

⑥蓄水量（湖泊、沼泽和库塘，万米^3）：从水利等部门获取有关资料，注明资料出处和年份。

3. 地表水水质调查

①pH：采用野外pH计测定，对测得的结果进行分级。

②矿化度（克/升）：采用重量法测定，对测得结果进行分级。

③透明度（米）：采用野外透明度盘测定，对测得结果进行分级。

④营养物：包括总氮和总磷，需野外采集水样，进行实验室测定。

总氮（毫克/升）通常采用紫外分光光度法进行测定。

总磷（毫克/升）采用分光光度法测定水中磷含量。

⑤营养状况分级：将测得的透明度、总氮、总磷结果按照（地表水富营养化控制标准）营养状况分级标准分级。

⑥化学需氧量（COD，毫克/升）：是指在一定条件下，用强氧化剂处理水样时所消耗氧化剂的量。目前应用最普遍的是酸性高锰酸钾氧化法与重铬酸钾氧化法。

⑦主要污染因子：调查对水环境造成有害影响的污染物的名称，包括有机物质（油类、洗涤剂等等）和无机物质（无机盐、重金属等）。

⑧水质级别：执行地表水环境质量标准（GB 3838—2002）。

4. 地下水水质调查

①pH：采用野外pH计测定，对测得结果分级。

②矿化度（克/升）：采用重量法测定，对测得结果分级。

③水质级别：执行地下水质量标准（GB/T 14848—93）。

五、湿地野生动物调查

1. 调查对象

在湿地生境中生存的脊椎动物和在某一湿地内占优势或数量很大的某些无脊椎动物，包括鸟类、两栖类、爬行类、兽类、鱼类以及贝类、虾类、蟹类等。

水鸟应查清其种类、分布、数量和迁徙情况，其他各类则以种类调查为主。考虑到各调查对象的调查季节和生境的不同，湿地野生动物调查可以不在同一样地进行。

2. 调查季节和时间

动物调查时间应选择在动物活动较为频繁、易于观察的时间段内。

水鸟调查分越冬期（12月至翌年2月）、繁殖期（5~7月份）。各地应根据本地的物候特点确定最佳调查时间，其原则是：调查时间应选择调查区域内的水鸟种类和数量均保持相对稳定的时期；调查应在较短时间内完成，一般同一天内数据可以认为没有重复计算，面积较大区域可以采用分组方法在同一时间范围内开展调查，以减少重复记录。

2012年10~11月开展越冬水鸟补充调查。

两栖和爬行类调查宜在夏季和秋季入蛰前。

兽类调查以冬季调查为主，春夏季调查为辅。

鱼类以及贝类、虾类、蟹类等调查以收集现有资料为主，可全年进行。

3. 调查方法

湿地野生动物野外调查方法分为常规调查和专项调查。常规调查是指适合于大部分调查种类的直接计数法、样方调查法、样带调查法和样线调查法；对那些分布区狭窄而集中、习性特殊、数量稀少、难于用常规调查方法调查的种类，应进行专项调查。

（1）水鸟调查

水鸟的研究建立在实地调查统计的基础上，分析水鸟种类组成、生态分布、食性、迁徙和数量状况。

调查时间选择在调查区域内的水鸟种类和数量保持相对稳定的时期，尽可能选择在天气晴朗、无风的天气，调查在一周时间内完成。迁徙情况调查主要在春、秋两季鸟类集中迁徙季节进行。根据湿地地貌和研究目的物种的生物学特征，每个调查区域选择3～5条（根据调查区域面积而定）有代表性的调查路线，所拟路线应涵盖不同的地形地势和湿地生境。路线调查代表总面积不小于调查区域总面积的10%。

调查路线确定后，视湿地条件，选择步行、船只或步行与船只相结合进行的方式。步行调查路线长度为3～10千米，单侧宽50～100米或更宽，时速每小时3千米；水路调查可根据实际情况参照步行调查确定。

调查时，沿拟定的调查路线，观察记录两侧发现的种类、数量、巢穴、鸣声和活动痕迹。每条路线应重复调查2～3次，以便对结果进行校正和对比。调查结束后，用数理统计方法求出各种动物的数量估计区间。数量统计主要采用直接计数法，计数可借助于单筒或双筒望远镜进行。

（2）两栖、爬行动物调查

两栖、爬行动物以种类调查为主，可采用野外踏查、走访和利用近期的野生动物调查资料相结合的方法，记录到种或亚种。依据看到的动物实体或痕迹进行估测，在调查现场换算成个体数量。

国家Ⅰ、Ⅱ级重点保护物种应查清物种分布和种群数量。

野外调查可采用样方法，即通过计数在设定的样方中所见到的动物实体，然后通过数量级分析来推算动物种群数量状况。样方应尽可能设置为方形、圆形或矩形等规则几何图形，样方面积不小于100米×100米。

（3）兽类调查

兽类以种类调查为主，可采用野外踏查、走访和利用近期的野生动物调查资料相结合的方法，记录到种或亚种。依据看到的动物实体或痕迹进行估测，在调查现场换算成个体数量。

国家Ⅰ、Ⅱ级重点保护物种应查清物种分布和种群数量。

湿地兽类野外调查宜采用样带调查法或样方调查法，样带（方）布设依据典型布样，样带（方）情况能够反映该区域兽类分布的所有生境类型，然后通过数量级分析来推算种群数量状况。样带长度不小于2000米，单侧宽度不小于100米；样方大小一般不小于50米×50米。

（4）鱼类以及贝类、虾类和蟹类等调查

鱼类以及贝类、虾类等调查以收集现有资料为主，主要查清湿地中现存的经济鱼、珍稀濒危鱼、贝类、虾类和蟹类等的种类及最近三年来的捕获量。

4. 影响动物生存的因子调查

在进行动物野外调查的同时，应查清对湿地动物生存构成威胁的主要因子，并据此提出合理化建议。

5. 调查统计

（1）直接计数法统计

直接计数得到的某种鸟类数量总和，即为该区域该种鸟类的数量。

（2）样带（方）法数量统计

某区域某种动物数量计算公式为

$$N = \overline{D} \times M$$

式中：N 为某区域某种动物数量，$\overline{D}$ 为该区域该物种平均密度，M 为该调查区域总面积。

该区域该物种平均密度计算公式为

$$\overline{D} = \sum_{i=1}^{j} N_i / \sum_{i=1}^{j} M_i$$

式中：$\overline{D}$ 为该区域该物种平均密度，$\sum_{i=1}^{j} N_i$ 为 j 个样带（方）调查的该物种数量和，$\sum_{i=1}^{j} M_i$ 为 j 个样带（方）总面积。

（3）样带（方）法兽类、两栖、爬行动物数量级计算

把整个重点调查湿地调查过程中每种动物数量的总和除以该类（如兽类）动物总数，求出该种动物所占百分数。百分数大于50%为极多种，用“++++”表示；百分数为10%~50%，为优势种，用“+++”表示；百分数为1%~10%，为常见种，用“++”表示；百分数小于1%，为稀有种，用“+”表示。

六、湿地植物群落调查

1. 湿地植物群落的调查方法

首先搜集调查地区的湿地遥感图、航片图、地形图等。无论是采用卫片还是地形图，其比例尺不应小于1∶10万。其次，搜集和了解湿地植物群落的基本情况，包括建群种、群落类型（如单建群种群落、共建种群落）、群落结构及其特征等。如果这些资料缺乏，则需进行预调查。第三，重点调查湿地面积超过5万公顷的，依据湿地生境、植被类型和植物群落外貌的主要差异，将整个湿地植被划

分为不同的调查单元，每个调查单元面积不超过5万公顷；面积不足5万公顷的作为独立调查单元处理。湿地植物群落调查采用样方法。

（1）样带和样方的布局

在每个调查单元内，根据湿地区域地貌景观特点，选择地形变化大、未受人为干扰、植被类型多、外貌结构整齐、植物生长旺盛的地段设置踏查路线，一般每个调查区域设2~5条样带（线路）。样带设置时应遵循以下原则：尽可能地选择未受或少受人为干扰的地段；地表形态起伏不平的，可以沿着地形梯度变化的方向设置；沿着水浸梯度变化的方向设置；根据湿地面积的大小和湿地生境的复杂程度适当确定调查样带的数量。

调查样带确定后，用GPS按一定间距均匀布设样方。确定调查样方位置时要考虑以下原则：一是典型性和代表性，使有限的调查面积能够较好地反映出植物群落的基本特征；二是自然性，人为干扰和动物活动影响较少的地点，并且较长时间不被破坏，如流水冲刷、风蚀沙埋、过度放牧或开垦等；三是可操作性，易于调查和取样的地段，避开危险地段。

（2）样方数量

在相同生境、植被类型和群落结构的每一植被单元内，沿着某一主要生境因子（如地形、水位）梯度变化的方向确定不少于10块典型样地（样方），样地（样方）数目可根据湿地面积大小和植被群落结构的复杂程度确定。

（3）样方面积的确定

每块样地的面积为20米×20米，然后在样地中心和对角线四个角分别作5个小样方进行调查统计。小样方面积：草本植物为1米×1米，灌木为5米×5米。记录样地内植物群落的种类组成、分层结构、物候期、生活力，测算群落中植物种的多度、高度、盖度、频度和总优势度。

多度采用目测估计法记录德氏多度值：7-soc、6-cop3、5-cop2、4-cop1、3-sp、2-so以下、1-un个别。密度是单位面积上某一种植物的株数。频度为某一种出现的样方数目占全部样方数目的百分比。重要值=（相对密度+相对频度+相对盖度）/300。

2. 植物群落调查的季节选择

调查的季节应集中在生物量最高时期（7~10月），根据植物的生活史确定调查季节：

①对于生活史为一年的植物群落，应选择在生物量最高和（或）开花结实的时期；

②对于一年内完成多次生活史的植物群落，根据生物量最高和（或）开花结实的情况，选择最具有代表性的一个时期；

③对于多年完成一个生活史的植物群落，选择开花结实的季节；

④对于具有两层或两层以上层次的群落，依据主林层植物来确定调查季节。

3. 植物群落调查内容

（1）调查对象

包括4大类型的植物：被子植物、裸子植物、蕨类植物和苔藓植物。

（2）记录内容

记录内容包括：湿地名称、调查单元序号、样方序号、海拔、经纬度、积水状况、小生境等，植物群系、主林层、样方面积，植物名称及其数量特征（乔木与灌木记录平均冠幅、平均高度、平均胸径、株数，草本、蕨类与苔藓记录平均盖度、平均高度、株数）。其中，植物群系的确定，对于群落结构简单、优势种明显的植物群落，参考《山东主要湿地植被分类及其分布》，现地判定和填写植物群系名称；对于结构复杂、优势种现地无法确定的植物群落，参照《湿地植物群系名称的确定》的方法确定植物群系。

（3）统计汇总

通过对湿地植物群落的样方调查数据，逐级统计，分别汇总出重点调查湿地和全省的植物群系汇总表、植物名录。

七、湿地植被调查

1. 湿地植被调查内容

综合植物群落调查每个调查单元的结果，填写湿地植被调查的有关内容。

湿地的植被面积及其占湿地总面积的百分比，被子植物、裸子植物、蕨类植物和苔藓植物各个类型的群落面积及其占湿地总面积的百分比等。

对群落调查的被子植物、裸子植物、蕨类植物和苔藓植物的科、属、种的名称、物种数进行统计和汇总。

参照生态－外貌原则，按植物群落重要值的分析结果，依据《中国湿地植被类型表》确定植被类型。名录中未包括的湿地植被类型，自行列入。

2. 湿地植被利用和破坏情况调查

收集已有的研究成果、文献，结合访问，了解湿地植被利用和受破坏情况，并在外业调查时进行现场核实。

八、湿地保护和利用状况调查

1. 调查方法

通过野外踏查、走访调查以及收集资料等方法获取。

2. 调查内容

（1）保护管理状况

①已有保护措施，包括已采取的各种保护措施、时间和效果等。

②是否建立自然保护区。如已建立自然保护区，需要调查以下项目：保护区名称、级别［国家级、省级、地（市）级、县级］、保护区面积、核心区面积、主要保护对象、建立时间、主管部门、人员、经费、各项投入、主要科研活动等。

③是否建立湿地公园。如已建立湿地公园，需要调查以下项目：湿地公园名称、级别（国家湿地公园、国家城市湿地公园、地方湿地公园）、面积、建立时间、主管部门、经营管理机构等。

（2）湿地功能与利用方式

①湿地产品和服务功能：通过野外踏查和收集有关部门的资料，调查湿地生态系统所提供的以下主要产品和服务功能，并注明资料出处。

水资源：包括从湿地提取的工业、农业、生活和生态用水量等。

天然动物产品：提供野生动物、鸟类、鱼虾蟹、蛤贝的种类、产量和价值。

天然植物产品：提供林产品、芦苇、蔬菜、果品、药材的数量和（或）价值。

人工养殖与种植：提供品种、产量和价值。

矿产品及工业原料：泥炭、石油、芦苇等的产量和（或）价值。

航运：通航里程、年通航时间、货运量和客运量等。

休闲/旅游：宾馆数量、疗养院数量、接待人数和产值。

体育运动：运动项目、主要经营内容、接待人数和产值。

调蓄：调蓄河川径流和滞洪能力。

其他功能。

②湿地的利用方式：按照湿地的利用方式分类，通过野外踏查和收集资料等

获取。

（3）湿地范围内的社会经济状况调查

通过查阅主管部门的有关统计资料，以乡（镇）为基本单位，记录湿地范围内的乡（镇）名称及其社会经济发展状况，包括乡镇面积、人口、工业总产值、农业总产值、主要产业。有关统计资料均以乡镇为单位进行收集，并注明统计资料年代。

九、湿地受威胁状况调查

以野外调查和资料调研相结合的方式，了解湿地的破坏和受威胁状况，重点查清对湿地产生威胁的因子、作用时间、影响面积、已有危害及潜在威胁。

①湿地受威胁因子：根据野外调查、访问和查阅有关资料确定。

②作用时间：通过访问调查和查阅有关资料确定。

③影响面积：根据遥感资料和有关图面材料测算。

④已有危害和潜在威胁：对每个因子简要描述已有危害和潜在威胁。

⑤受威胁状况等级评价：根据调查的湿地受威胁状况，在综合分析的基础上，给予每块湿地一个定性的评价值，受威胁状况等级分为安全、轻度和重度。

第四章　临沂湿地类型、面积和分布

第一节　概　述

一、湿地自然概况

根据临沂市地理位置和生态区位，临沂市湿地分为三类七型。三类即河流湿地、湖泊湿地和人工湿地。河流湿地包括永久性河流、季节性或间歇性河流湿地两型；湖泊湿地为永久性淡水湖型；人工湿地类包括库塘、运河与输水河湿地、水产养殖场、水稻田四型。

二、湿地类及面积

临沂市湿地类型包括三类七型，即河流湿地、湖泊湿地和人工湿地三类，永久性河流、季节性或间歇性河流、永久性淡水湖、库塘、水产养殖场、运河和输水河、稻田七型。

临沂市调查斑块659块，湿地调查总面积73477.67公顷（不含水稻田），湿地植被面积12672.02公顷，河流湿地面积48257.54公顷，湖泊湿地面积522.25公顷，人工湿地面积24697.88公顷，另有水稻常年种植面积65000公顷，合计湿地总面积138477.67公顷（含水稻田），占临沂全市面积1719121.3公顷的8.06%。

三、各流域的湿地类及面积

临沂市全部位于一级流域淮河区。

二级流域为山东半岛沿海诸河和沂沭泗河，其中山东半岛沿海诸河只包含三级流域中的胶东诸河区，沂沭泗河包括三级流域沂沭河区、湖东区、日赣区和中运河区四个区。临沂市主要流域区是沂沭河区，西南大部属于中运河区，沂水县东北部属于胶东诸河区，平邑县西部少许属于湖东区，莒南县东部和临沭县东部属于日赣区。

二级流域山东半岛沿海诸河只包含三级流域中的胶东诸河区，湿地类型包括河流湿地和人工湿地两类，湿地面积为496.28公顷。其中，河流湿地2块，面积407.91公顷；人工湿地5块，面积88.37公顷。

二级流域沂沭泗河湿地类型包括河流湿地、湖泊湿地和人工湿地三类，湿地面积72961.39公顷。其中，河流湿地47849.63公顷，湖泊湿地522.25公顷，人工湿地24697.88公顷。

三级流域湖东区只在临沂市平邑县，包括2块人工湿地，湿地面积52.34公顷。

三级流域日赣区分布在莒南县和临沭县，包括河流湿地和人工湿地。全流域湿地面积2848.71公顷，斑块共69块。河流湿地30块，面积1453.5公顷；人工湿地39块，面积1395.21公顷。

三级流域中运河区分布在费县、兰山区、罗庄区、郯城县及苍山全县。全流域湿地面积8060.11公顷，斑块共73块。河流湿地47块，面积5214.89公顷；人工湿地26块，面积2865.22公顷。

三级流域中沂沭河区是临沂市的主要流域区，全市湿地面积62000.23公顷，斑块共508块。河流湿地265块，面积41181.24公顷。湖泊湿地1块，面积522.25公顷。人工湿地242块，面积20296.74公顷。

四、各行政区的湿地类及面积

临沂市共有12个以县域行政区为单位区划的零星湿地区。

苍山县湿地斑块一般调查39块和重点调查1块，湿地调查面积6169.11公顷。湿地类型为河流湿地和人工湿地两类。河流湿地29块，面积3633.93公顷；人工湿地11块，面积2535.18公顷。

费县湿地斑块一般调查49块，湿地调查面积5333.23公顷。湿地类型为河流湿地和人工湿地两类。河流湿地27块，面积1594.46公顷。人工湿地22块，面积3738.77公顷。

河东区湿地斑块一般调查24块，湿地调查面积1675.9公顷。湿地类型为河流湿地和人工湿地两类。河流湿地 9 块，面积 1320. 29 公顷。人工湿地 15 块，面积 355. 61 公顷。

莒南县湿地斑块一般调查 110 块，湿地调查面积 20567. 53 公顷。湿地类型为河流湿地和人工湿地两类。河流湿地 56 块，面积 17838. 75 公顷。人工湿地 54 块，面积 2728. 78 公顷。

兰山区湿地斑块一般调查 41 块和重点调查 1 块，湿地调查面积 8803. 88 公顷。湿地类型为河流湿地和人工湿地两类。河流湿地 20 块，面积 8019. 46 公顷。人工湿地斑块 22 块，面积 784. 42 公顷。

临沭县一般调查 51 块和重点调查 1 块，湿地调查面积 2733. 51 公顷。湿地类型为河流湿地和人工湿地两类。河流湿地 25 块，面积 1976. 78 公顷。人工湿地 27 块，面积 756. 73 公顷。

罗庄区一般调查 12 块和重点调查 1 块，湿地调查面积 1192. 46 公顷（含武河国家湿地公园 946. 67 公顷）。湿地类型为河流湿地和人工湿地两类。河流湿地 9 块，面积 1092. 08 公顷。人工湿地 4 块，面积 100. 38 公顷。

蒙阴县一般调查 68 块和重点调查 1 块，湿地调查面积约为 6903. 69 公顷。湿地类型为河流湿地和人工湿地两类。河流湿地 30 个，面积 1175. 86 公顷；人工湿地 39 块，总面积 5727. 83 公顷。

平邑县一般调查 65 块，湿地调查面积 3899. 74 公顷。湿地类型为河流湿地和人工湿地两类。河流湿地 35 块，面积 698. 74 公顷。人工湿地斑块 30 块，面积 3201 公顷。

郯城县一般调查 51 块，湿地调查面积 6047. 25 公顷。湿地类型为河流湿地和人工湿地两类。河流湿地 22 块，面积是 5532. 47 公顷。人工湿地 29 块，面积 514. 78 公顷。

沂南县一般调查 58 块和重点调查 1 块，湿地调查面积 3511. 72 公顷。湿地类型为河流湿地和人工湿地两类。河流湿地 35 块，面积 2862. 86 公顷；人工湿地 24 块，面积 648. 86 公顷。

沂水县一般调查 82 块和重点调查 3 块，湿地调查面积 6639. 65 公顷。湿地类型为河流湿地、湖泊湿地和人工湿地三类。河流湿地 47 块，面积 2511. 86 公顷；湖泊湿地 1 块，面积 522. 25 公顷；人工湿地 37 块，面积 3605. 54 公顷。

第二节　河流湿地

一、河流各湿地型及面积

临沂市河流湿地分为永久性河流、季节性或间歇性河流两型，共有湿地斑块344块，面积48257.54公顷。永久性河流336块，面积48059.91公顷；季节性或间歇性河流8块，面积197.63公顷。

二、各流域的湿地型及面积

二级流域山东半岛沿海诸河只包含三级流域中的胶东诸河区，河流湿地2块全部为永久性河流，湿地面积为407.91公顷。

二级流域沂沭泗河河流湿地分为永久性河流、季节性或间歇性河流两型，共有湿地斑块342块，湿地面积47849.63公顷。其中，永久性河流334块，面积47652公顷；季节性或间歇性河流8块，面积197.63公顷。

三级流域湖东区只在临沂市平邑县，没有河流湿地。

三级流域日赣区分布在莒南县和临沭县，河流湿地只有永久性河流，湿地面积1453.5公顷，斑块共30块。

三级流域中运河区分布在费县、兰山区、罗庄区、郯城县及苍山全县。河流湿地分为永久性河流、季节性或间歇性河流两型，共有湿地斑块47块，面积5214.89公顷。其中，永久性河流42块，面积5079.72公顷；季节性或间歇性河流5块，面积135.17公顷。

三级流域中沂沭河区是临沂市的主要流域区，河流湿地分为永久性河流、季节性或间歇性河流两型。河流湿地共有湿地斑块265块，面积41181.24公顷。其中，永久性河流262块，面积41118.78公顷；季节性或间歇性河流3块，面积62.46公顷。

三、各行政区的湿地型及面积

临沂市12个县区都有河流湿地。

苍山县河流湿地分为永久性河流、季节性或间歇性河流两型，共有湿地斑块

29 块，面积 3633. 93 公顷。其中，永久性河流 24 块，面积 3498. 76 公顷；季节性或间歇性河流 5 块，面积 135. 17 公顷。

费县河流湿地 27 块全部为永久性河流，面积 1594. 46 公顷，湿地植被面积 166. 05 公顷。

河东区河流湿地 9 块全部为永久性河流，面积 1320. 29 公顷，湿地植被面积 497. 67 公顷。

莒南县河流湿地 56 块全部为永久性河流，面积 17838. 75 公顷，湿地植被面积 1606. 3452 公顷。

兰山区河流湿地 20 块全部为永久性河流，面积 8019. 46 公顷，湿地植被面积 1191. 4973 公顷。

临沭县河流湿地 25 块全部为永久性河流，面积 1976. 78 公顷，湿地植被面积 310. 1992 公顷。

罗庄区河流湿地 9 块全部为永久性河流，面积 1092. 08 公顷，湿地植被面积 277. 4975 公顷。

蒙阴县河流湿地分为永久性河流、季节性或间歇性河流两型，共有湿地斑块 30 块，面积 1175. 86 公顷。其中，永久性河流斑块 27 块，面积 1113. 4 公顷；季节性河流斑块 3 块，面积 62. 46 公顷。

平邑县河流湿地 35 块，全部为永久性河流，面积 698. 74 公顷，湿地植被面积 88. 477 公顷。

郯城县河流湿地 22 块，全部为永久性河流，面积是 5532. 47 公顷，湿地植被面积 1714. 803 公顷。

沂南县河流湿地 35 块，全部为永久性河流，面积 2862. 86 公顷，湿地植被面积 542. 2359 公顷。

沂水县河流湿地 47 块，全部为永久性河流，面积 2511. 86 公顷，湿地植被面积 487. 8094 公顷。

第三节　湖泊湿地

临沂市湖泊湿地仅有一块，即沂水县沙沟水库，是永久性淡水湖，位于二级流域沂沭泗河中的沂沭河区，面积 522. 25 公顷，湿地植被面积 41. 78 公顷。

第四节　人工湿地

一、人工各湿地型及面积

临沂市人工湿地（注：人工湿地不包括水稻田）分为库塘、水产养殖场、运河和输水河三型，共有斑块 314 块，面积 24697. 88 公顷。库塘 271 块，面积 23909. 79 公顷；运河、输水河 23 块，面积 453. 03 公顷；水产养殖场 20 块，面积 335. 06 公顷。

二、各流域的湿地型及面积

二级流域山东半岛沿海诸河只包含三级流域中的胶东诸河区，人工湿地 5 块，全部为库塘，面积 88. 37 公顷，湿地植被面积 8. 5282 公顷。

二级流域沂沭泗河人工湿地分为库塘、水产养殖场、运河和输水河三型，共有斑块 242 块，面积 24697. 88 公顷。其中，库塘 207 块，面积 19668. 83 公顷；运河、输水河 23 块，面积 453. 03 公顷；水产养殖场 12 块，面积 174. 88 公顷。

三级流域湖东区只在临沂市平邑县，包括 2 块人工湿地，全部为库塘，湿地面积 52. 34 公顷。

三级流域日赣区人工湿地全部为库塘 39 块，面积 1395. 21 公顷。

三级流域中运河区人工湿地分为库塘和水产养殖场，共有斑块 26 块，面积 2865. 22 公顷。其中，库塘 18 块，面积 2705. 04 公顷；水产养殖场 8 块，面积 160. 18 公顷。

三级流域中沂沭河区人工湿地分为库塘、水产养殖场、运河和输水河三型，共有斑块 242 块，面积 20296. 74 公顷。库塘 207 块，面积 19668. 83 公顷；运河、输水河 23 块，面积 453. 03 公顷；水产养殖场 12 块，面积 174. 88 公顷。

三、各行政区的湿地型及面积

苍山县人工湿地 11 块全部为库塘，面积 2535. 18 公顷。

费县人工湿地 22 块全部为库塘，面积 3738. 77 公顷。

河东区人工湿地分为库塘和水产养殖场，共有斑块 15 块，面积 355. 61 公顷。

库塘 5 块，面积 157.76 公顷；运河、输水河 10 块，面积 197.85 公顷。

莒南县人工湿地 54 块全部为库塘，面积 2728.78 公顷。

兰山区人工湿地分为库塘和水产养殖场，共有斑块 22 块，面积 784.42 公顷。库塘湿地 20 块，面积 739.79 公顷；输水河湿地 2 块，面积 44.63 公顷。

临沭县人工湿地分为库塘、运河和输水河两型，共有斑块 27 块，面积 756.73 公顷。库塘 20 块，面积 599.25 公顷；运河、输水河 7 块，面积 157.48 公顷。

罗庄区人工湿地 4 块，全部为库塘，面积 100.38 公顷。

蒙阴县人工湿地 39 块，全部为库塘，总面积 5727.83 公顷。

平邑县人工湿地分为库塘、运河和输水河两型，共有斑块 30 块，面积 3201 公顷。库塘 29 块，面积 3190.33 公顷；运河、输水河 1 块，面积 10.67 公顷。

郯城县人工湿地分为库塘和水产养殖场，共有斑块 29 块，面积 514.78 公顷。其中，库塘 9 块，面积 179.72 公顷；水产养殖场 20 块，面积 335.06 公顷。

沂南县人工湿地分为库塘、运河和输水河两型，共有斑块 24 块，面积 648.86 公顷。库塘 23 块，面积 641.06 公顷；运河、输水河 1 块，面积 7.8 公顷。

沂水县人工湿地分为库塘、运河和输水河两型，共有斑块 37 块，面积 3605.54 公顷。库塘 35 块，面积 3570.94 公顷；运河、输水河 2 块，面积 34.6 公顷。

第五节　水稻田湿地资源

根据临沂市农业局提供的资料，临沂市水稻主产区主要分布在沂、沭、祊河两岸的平原上。据估计，全市年共种植水稻约 6.5 万公顷，总产量 97.5 万吨，总产值 19.5 亿元。

第六节　湿地特点和分布规律

一、类型面积及成因

临沂市河流湿地面积 48257.54 公顷，占湿地面积的 65.68%；湖泊湿地面积 522.25 公顷，占湿地面积的 0.71%；人工湿地面积 24697.88 公顷，占湿地面积的33.61%。

各种湿地类型形成、分布和发育与临沂市的独特地质构造、地形分布、气候因子等相关。临沂市境内山多河多，山丘面积占总面积的72%，平原面积占28%，有沂、沭、汶、祊四大水系，以沂沭河流域为中心，北、西、东三面群山环抱，向南构成扇状冲积平原。

人工湿地以库塘为主，占96.81%，主要是20世纪五六十年代修建的水库，是历史原因形成的。

二、湿地的土地权属特点

湿地的土地权属分为国有和集体。国有湿地斑块98块，占总斑块数的14.9%；集体湿地斑块561块，占总斑块数的85.1%。国有湿地面积39190.93公顷，占湿地总面积的53.37%；集体湿地面积34286.74公顷，占湿地总面积的46.63%。这一数据表明，集体湿地斑块数量虽然多，但都是面积小的小河、小型水库；国有湿地数量少，只有沂河、沭河等大河以及大中型水库，但是面积大。临沂市湿地的国有湿地面积与集体湿地面积大体相当。

三、湿地的水源补给特点

临沂市湿地水源补充主要以地表径流和大气降水为主，地下水、人工补给等为辅。

四、湿地的受威胁状况特点

近年来，各级领导对环境的重视，民众环境意识的加强，临沂市湿地总体受威胁较轻，主要表现在河道型湿地河道采砂和污水的不达标排放。

五、保护管理的特点

临沂市湿地只有岸堤水库等几个少数湿地斑块为水源保护区，绝大多数湿地板块没有保护形式。但是，临沂市已经成功申报一个国家湿地公园和两个省级湿地公园，以及两个国家城市湿地公园。

第五章 湿地植物和植被

第一节 湿地植物区系和植物种类

临沂湿地维管束植物中的蕨类植物有节节草［Hippochaete ramosissima（Desf.）Boerner］、问荆（Equisetum arvense L.）、苹（Marsilea quadrifolia L.）、槐叶苹［Salvinia natans（L.）All.］、满江红［Azolla imbricata（Roxb.）Nakai］等，分别属于木贼属（Equisetum L.）、苹属（Marsilea L.）、槐叶苹属（Salvinia Adans.）、满江红属（Azolla Lam.），属于世界广布型的有苹属、槐叶苹属、满江红属，属于北温带分布类型的为木贼属。蕨类植物中水生和湿生植物有4属5种，因此属的分布类型中世界分布类型占了较大比例，达到60%。

本次临沂市重点斑块调查获得种子植物269种，分属于143属。温带分布类型的属最多，共计65个，占总属的45.46%，其中北温带属36个，旧世界温带成分18个，温带亚洲成分11个，这与当前区系地理位置是一致的；热带成分38个属，占所有属的26.57%，其中泛热带成分最多，共25个属，说明临沂湿地植物区系与热带植物区系有较为紧密的联系。

本次调查发现临沂湿地植物的优势种有水蓼（Polygonum hydropiper）、莲（Nelumbo nucifera）、芦苇（Phragmintes communis）、菱（Trapa bisponosa）、穗花狐尾藻（Myriophyllum spicatum）、轮叶黑藻（Hydrilla verticillata）、金鱼藻（Ceratophyllum demersum）、喜旱莲子草（Alternanthera philoxeroides）、水鳖（Hydrocharis dubia）、狭叶香蒲（Typha angustifolia）、稗（Echinochloa crusgalli）等。

表 5－1　　湿地资源临沂市植物名录

序号	门类	中文名	拉丁名	科	属	保护级别
21	苔藓植物	葫芦藓	Funaria hygrometrica Hedw.	葫芦藓科	葫芦藓属	
25	蕨类植物	节节草	Hippochaete ramosissima (Desf.) Boerner	木贼科	木贼属	
26	蕨类植物	问荆	Equisetum arvense L.	木贼科	木贼属	
27	蕨类植物	紫萁	Osmunda japonica Thunb.	紫萁科	紫萁属	
40	蕨类植物	苹	Marsilea quadrifoliaL.	苹科	苹属	
41	蕨类植物	槐叶苹	Salvinia natans (L.) All.	槐叶苹科	槐叶苹属	
42	蕨类植物	水蕨	Ceratopteris thalictroides (L.) Brongn	水蕨科	水蕨属	Ⅱ
43	蕨类植物	满江红	Azolla imbricata (Roxb.) Nakai	满江红科	满江红属	
46	裸子植物	水杉	Metasequoia glyptostro boidesHu et Cheng	杉科	水杉属	Ⅰ
49	被子植物门	垂柳	Salix babylonica L.	杨柳科	柳属	
50	被子植物门	杞柳	S. integra Thunb.	杨柳科	柳属	
51	被子植物门	旱柳	S. matsudana Koidz.	杨柳科	柳属	
52	被子植物门	枫杨	Pterocarya stenoptera DC.	胡桃科	枫杨属	
53	被子植物门	日本桤木	Alnus japonica (Thunb.) Steud.	桦木科	赤杨属	
54	被子植物门	辽东桤木	A. sibiricaFisch. ex Turcz.	桦木科	赤杨属	
56	被子植物门	透茎冷水花	Pilea mongolica Wedd.	荨麻科	冷水花属	
57	被子植物门	两栖蓼	Polygonum amphibiumL.	蓼科	蓼属	
58	被子植物门	柳叶刺蓼	P. bungeanum Turcz.	蓼科	蓼属	
59	被子植物门	丛枝蓼	P. caespitosum Bi	蓼科	蓼属	
60	被子植物门	水蓼（辣蓼）	P. hydropiper L.	蓼科	蓼属	
61	被子植物门	酸模叶蓼	P. lapathifolium L.	蓼科	蓼属	
62	被子植物门	尼泊尔蓼	P. nepalense Meisn.	蓼科	蓼属	
63	被子植物门	红蓼	P. orientale L.	蓼科	蓼属	
64	被子植物门	杠板归	P. perfoliatum L.	蓼科	蓼属	
65	被子植物门	刺蓼	P. senticosum (Meisn.) Franch. et Savat.	蓼科	蓼属	
66	被子植物门	西伯利亚蓼	P. sibiricum Laxm.	蓼科	蓼属	

续表

序号	门类	中文名	拉丁名	科	属	保护级别
67	被子植物门	戟叶蓼	P. thunbergii Sieb. et Zucc.	蓼科	蓼属	
68	被子植物门	酸模	Rumex acetosa L.	蓼科	酸模属	
69	被子植物门	羊蹄	R. japonicus Houtt.	蓼科	酸模属	
70	被子植物门	皱叶酸模	R. crispus L.	蓼科	酸模属	
71	被子植物门	齿果酸模	R. dentatus L.	蓼科	酸模属	
72	被子植物门	长刺酸模	R. maritimus L.	蓼科	酸模属	
73	被子植物门	巴天酸模	R. patientia L.	蓼科	酸模属	
74	被子植物门	滨藜	Atriplex patens （Litv. ） Iljin.	藜科	滨藜属	
75	被子植物门	灰绿藜	Chenopodium glaucum L.	藜科	藜属	
77	被子植物门	碱蓬	Suaeda glauca（Bge. ） Bge.	藜科	碱蓬属	
78	被子植物门	盐地碱蓬	Suaeda salsa L.	藜科	碱蓬属	
79	被子植物门	喜旱莲子草（水花生）	Alternanthera philoxeroides（Mart. ） Griseb.	苋科	莲子草属	
80	被子植物门	莲子草	A. sessilis （L. ） DC.	苋科	莲子草属	
81	被子植物门	鹅肠菜	Myosoton aquaticum （L. ） Moench	石竹科	鹅肠菜属	
82	被子植物门	沼泽繁缕	Stellaria palustrisEhrh. ex Retz.	石竹科	繁缕属	
83	被子植物门	雀舌草	S. uliginosa Murr.	石竹科	繁缕属	
84	被子植物门	繁缕	S. media （L. ） Cyr.	石竹科	繁缕属	
85	被子植物门	莼菜	Brasenia schreberi J. F. Gmel.	睡莲科	莼属	
86	被子植物门	芡实	Euryale ferox Salisb. ex Konig et Sims.	睡莲科	芡属	
87	被子植物门	莲（荷花）	Nelumbo nucifera Gaertn.	睡莲科	莲属	
88	被子植物门	睡莲	Nymphaea tetragona Georgi	睡莲科	睡莲属	
89	被子植物门	金鱼藻	Ceratophyllum demersum L.	金鱼藻科	金鱼藻属	
91	被子植物门	茴茴蒜	Ranunculus chinensis Bge.	毛茛科	毛茛属	
92	被子植物门	毛茛	R. japonicus Thunb.	毛茛科	毛茛属	
93	被子植物门	石龙芮	R. sceleratus L.	毛茛科	毛茛属	
94	被子植物门	扬子毛茛	R. sieboldii Miq.	毛茛科	毛茛属	

续表

序号	门类	中文名	拉丁名	科	属	保护级别
95	被子植物门	水田碎米荠	Cardamine lyrata Bge.	十字花科	碎米荠属	
96	被子植物门	碎米荠	C. hirsuta L.	十字花科	碎米荠属	
97	被子植物门	弹裂碎米荠	C. impatiens L.	十字花科	碎米荠属	
98	被子植物门	风花菜	Rorippa globosa (Turcz.) Hayek	十字花科	蔊菜属	
99	被子植物门	沼生焊菜	R. islandica (Oed.) Borb.	十字花科	蔊菜属	
100	被子植物门	豆瓣菜	Nasturtium officinale R. Br.	十字花科	豆瓣菜属	
101	被子植物门	垂盆草	Sedum sarmentosum Bunge	景天科	垂盆草属	
102	被子植物门	落新妇	Astilbe chinensis (Maxim.) Franch. et Savat.	虎耳草科	落新妇属	
105	被子植物门	路边青（水杨梅）	Geum aleppicum Jacq.	蔷薇科	路边青属	
106	被子植物门	野大豆	Glycine soja Sieb. et Zucc.	豆科	大豆属	Ⅱ
109	被子植物门	鸡腿堇菜	Viola acuminata Ledeb.	堇菜科	堇菜属	
111	被子植物门	球果堇菜	V. collina Bess.	堇菜科	堇菜属	
115	被子植物门	千屈菜	Lythrum salicaria L.	千屈菜科	千屈菜属	
116	被子植物门	菱	Trapa bispinosa Roxb.	菱科	菱属	
117	被子植物门	丘角菱	T. japonica Fler.	菱科	菱属	
118	被子植物门	细果野菱	T. marimowiczii Korsh.	菱科	菱属	
121	被子植物门	柳叶菜	Epilobium hirsutum L.	柳叶菜科	柳叶菜属	
122	被子植物门	小花柳叶菜	E. parviflorum Schreb.	柳叶菜科	柳叶菜属	
124	被子植物门	丁香蓼	Ludwigia prostrata Roxb.	柳叶菜科	丁香蓼属	
125	被子植物门	穗状狐尾藻	Myriophyllum spicatum L.	小二仙草科	狐尾藻属	
126	被子植物门	狐尾藻	M. verticillatum L.	小二仙草科	狐尾藻属	
127	被子植物门	毒芹	Cicuta virosa L.	伞形科	毒芹属	
129	被子植物门	泽芹	Sium suave Walt.	伞形科	泽芹属	
130	被子植物门	水芹	Oenanthe javanica (Bl.) DC.	伞形科	水芹属	
131	被子植物门	中华水芹	O. sinensis Dunn	伞形科	水芹属	
139	被子植物门	荇菜	N. peltaum (Gmel.) O. Kuntze	龙胆科	荇菜属	

续表

序号	门类	中文名	拉丁名	科	属	保护级别
141	被子植物门	地笋（地瓜儿苗）	Lycopus lucidus Turcz.	唇形科	地瓜苗属	
142	被子植物门	薄荷	Mentha haplocalyx Briq.	唇形科	薄荷属	
145	被子植物门	荔枝草	Salvia plebeia R. Br.	唇形科	鼠尾草属	
151	被子植物门	通泉草	Mazus japonicus（Thunb.）O. Kuntze	玄参科	通泉草属	
154	被子植物门	车前	Plantago asiatica L.	车前科	车前属	
156	被子植物门	盒子草	Actinostemma tenerum Griff.	葫芦科	盒子草属	
157	被子植物门	半边莲	Lobelia chinensis Lour.	桔梗科	半边莲属	
159	被子植物门	狼把草	Bidens tripartita L.	菊科	鬼针草属	
160	被子植物门	石胡荽	Centipeda minima（L.）A. Br. et Ascher.	菊科	石胡荽属	
161	被子植物门	林泽兰	Eupatorium lindleyanum DC.	菊科	泽兰属	
162	被子植物门	醴肠	Ecliopta prostrara（L.）L.	菊科	醴肠属	
166	被子植物门	长苞香蒲	Typha angustata Bory. et Chaub.	香蒲科	香蒲属	
167	被子植物门	水烛（狭叶香蒲）	T. angustifolia L.	香蒲科	香蒲属	
168	被子植物门	小香蒲	T. minima Funk.	香蒲科	香蒲属	
169	被子植物门	香蒲	T. orientalis Presl.	香蒲科	香蒲属	
170	被子植物门	黑三棱	Sparganium stoloniferum Hamit.	黑三棱科	黑三棱属	
171	被子植物门	菹草	Potamogeton crispus L.	眼子菜科	眼子菜属	
172	被子植物门	眼子菜	P. distinctusA. Benn.	眼子菜科	眼子菜属	
173	被子植物门	光叶眼子菜	P. lucens L.	眼子菜科	眼子菜属	
174	被子植物门	微齿眼子菜	P. maackianus A. Benn.	眼子菜科	眼子菜属	
175	被子植物门	竹叶眼子菜	P. malaianus Miq.	眼子菜科	眼子菜属	
176	被子植物门	篦齿眼子菜	P. pectinatus L.	眼子菜科	眼子菜属	
177	被子植物门	小眼子菜	P. pusillus L.	眼子菜科	眼子菜属	
180	被子植物门	大茨藻	Najas marina L.	茨藻科	茨藻属	
181	被子植物门	小茨藻	N. minor All.	茨藻科	茨藻属	
182	被子植物门	东方泽泻	Alisma orientale（Sam.）Juzepcz.	泽泻科	泽泻属	

续表

序号	门类	中文名	拉丁名	科	属	保护级别
183	被子植物门	野慈姑	Sagittaria trifolia L.	泽泻科	慈姑属	
184	被子植物门	花蔺	Butomus umbellatus L.	花蔺科	花蔺属	
185	被子植物门	黑藻	Hydrilla verticillata（L. f.）Royle	水鳖科	黑藻属	
186	被子植物门	水鳖	Hydrocharis dubia（Bl.）Backer	水鳖科	水鳖属	
187	被子植物门	苦草	Vallisneria natans（Lour.）Hara	水鳖科	苦草属	
188	被子植物门	拂子茅	Calamagrostis epigeios（L.）Roth	禾本科	拂子茅属	
190	被子植物门	狗牙根	Cynodon dactylon（L.）Pers.	禾本科	狗牙根属	
191	被子植物门	发草	Deschampsia caesptosa（L.）Beauv. Erusall.	禾本科	发草属	
192	被子植物门	稗	Echinochloa crusgalli（L.）Beauv.	禾本科	稗属	
193	被子植物门	长芒稗	E. caudata Roshev.	禾本科	稗属	
194	被子植物门	无芒稗	E. crusgalli（L.）Beauv. var. mitis（Pursh）Peterm.	禾本科	稗属	
195	被子植物门	假鼠妇草	Glyceria leptolepis Ohwi	禾本科	甜茅属	
196	被子植物门	牛鞭草	Hemarthria altissima（Pior.）Stapf. et C. E. Hubb.	禾本科	牛鞭草属	
197	被子植物门	柳叶箬	Isachne globosa（Thunb.）Kuntze	禾本科	柳叶箬属	
200	被子植物门	假稻	Leersia japonica（Makino）Honda	禾本科	李氏禾属	
203	被子植物门	荻	Triarrhena sacchariflora（Maxim.）Nakai	禾本科	芒属	
205	被子植物门	求米草	Oplismenus undulatifolius（Arduino）Beauv.	禾本科	求米草属	
207	被子植物门	雀稗	Paspalum thunbergii Kunth ex Steud.	禾本科	雀稗属	
208	被子植物门	双穗雀稗	P. paspaloides（Michx.）Scribn	禾本科	雀稗属	
209	被子植物门	狼尾草	Pennisetum alopecuroides（L.）Spreng.	禾本科	狼尾草属	

续表

序号	门类	中文名	拉丁名	科	属	保护级别
210	被子植物门	芦苇	Phragmites australis（Cav.）Trin. ex Steud.	禾本科	芦苇属	
211	被子植物门	瘦瘠伪针茅	Pseudoraphis spinescens（R. Br.）Viekery var. depauperata（Nees）Bor.	禾本科	伪针茅属	
214	被子植物门	菰（茭白）	Zizania latifolia（Griseb.）Turcz.	禾本科	菰属	
215	被子植物门	荸荠	Heleocharis tuberosa（Roxb.）Roem. et Schult.	莎草科	荸荠属	
216	被子植物门	刚毛荸荠	H. valleculosa Ohwi f. Setosa（Ohwi）Kitagawa	莎草科	荸荠属	
217	被子植物门	羽毛荸荠	H. wichurai Bocklr.	莎草科	荸荠属	
218	被子植物门	牛毛毡	H. yokoscensis（Franch. et Savat.）Tang et Wang.	莎草科	荸荠属	
221	被子植物门	华东藨草	S. karuizawensis Makino	莎草科	藨草属	
222	被子植物门	扁杆藨草	S. validus Vahl	莎草科	藨草属	
225	被子植物门	藨草	S. triqulter L.	莎草科	藨草属	
226	被子植物门	荆三棱	S. yagara Ohwi	莎草科	藨草属	
232	被子植物门	阿穆尔莎草	Cyperus amuricus Maxim.	莎草科	莎草属	
233	被子植物门	扁穗莎草	C. compressus L.	莎草科	莎草属	
234	被子植物门	异型莎草	C. difformis L.	莎草科	莎草属	
235	被子植物门	头状穗莎草	C. glomeratus L.	莎草科	莎草属	
236	被子植物门	碎米莎草	C. iria L.	莎草科	莎草属	
237	被子植物门	旋鳞莎草	C. michelianus（L.）Link	莎草科	莎草属	
238	被子植物门	具芒碎米莎草	C. microiria Steud.	莎草科	莎草属	
239	被子植物门	白鳞莎草	C. nipponicus Franch. et Savat	莎草科	莎草属	
240	被子植物门	香附子	C. rotundus L.	莎草科	莎草属	
241	被子植物门	球穗扁莎	Pycreus globosus（All.）Reichb.	莎草科	莎草属	
242	被子植物门	红鳞扁莎	P. sanguinolentus（Vahl）Nees	莎草科	莎草属	

续表

序号	门类	中文名	拉丁名	科	属	保护级别
243	被子植物门	水莎草	Juncellus serotinus (Rottb.) C. B. Clarke	莎草科	莎草属	
244	被子植物门	光鳞水蜈蚣	Kyllinga brevifolia Rottb. var. leiolepis (Franch. et Savat.) Hara	莎草科	莎草属	
251	被子植物门	翼果薹草	C. neurocarpa Maxim.	莎草科	苔草属	
255	被子植物门	菖蒲	Acorus calamus L.	天南星科	菖蒲属	
257	被子植物门	半夏	Pinellia ternata (Thunb.) Breit.	天南星科	半夏属	
259	被子植物门	大薸	Pistia stratiotes L.	天南星科	大薸属	
260	被子植物门	浮萍	Lemna minor L.	浮萍科	浮萍属	
261	被子植物门	紫萍	Spirodela polyrrhiza (L.) Schleid.	浮萍科	浮萍属	
264	被子植物门	鸭跖草	Commelina cmmunis L.	鸭跖草科	鸭跖草属	
265	被子植物门	裸花水竹叶	Murdannia nudiflol (L.) Brenan	鸭跖草科	鸭跖草属	
266	被子植物门	雨久花	Monochoria rorsakowii Regel. et Maack	雨久花科	雨久花属	
267	被子植物门	鸭舌草	M. vaginalis (Burm. f.) Presl	雨久花科	雨久花属	
268	被子植物门	凤眼莲	Eichhornia crassipes (Mart.) Solms	雨久花科	雨久花属	
278	被子植物门	狗娃花	Heteropappus hispidus (Thunb.) Less. – Aster hispidus Thunb.	菊科	狗娃花属	
279	被子植物门	艾蒿	Artemisia argyi	菊科	蒿属	
280	被子植物门	白茅	Imperata cylindrica (Linn.) Beauv.	禾本科	白茅属	
281	被子植物门	抱茎小苦荬	Ixeridium sonchifolia (Maxim.) Shih	菊科	小苦荬属	
282	被子植物门	萹蓄	Polygonumaviculare L.	蓼科	蓼属	
283	被子植物门	苍耳	Xanthium sibiricum Patrin ex Widder [X. strumarium L.]	菊科	苍耳属	
284	裸子植物	侧柏	Platycladus orientalis (Linn.) Franco	柏科	侧柏属	

续表

序号	门类	中文名	拉丁名	科	属	保护级别
285	被子植物门	刺槐	Robinia pseudoacacia L.	豆科	刺槐属	
286	被子植物门	黄花酢浆草	Oxalis corniculata L.	酢浆草科	酢浆草属	
287	被子植物门	鹅观草	Roegneria kamoji Ohwi	禾本科	鹅观草属	
288	被子植物门	反枝苋	Amaranthus retroflexus L.	苋科	苋属	
289	被子植物门	狗尾草	Setaira viridis（L.）Beauv	禾本科	狗尾草属	
290	被子植物门	枸杞	Lycium chinense	茄科	枸杞属	
291	被子植物门	构树	Papermulberry	桑科	构树属	
292	被子植物门	鬼针草	Bidens pilosa	菊科	鬼针草属	
293	被子植物门	蔊菜	Rorippa indica（L.）Hiern	十字花科	蔊菜属	
294	被子植物门	核桃	Juglans regia	胡桃科	山核桃属	
295	被子植物门	黑杨	Populus nigra Linn.	杨柳科	杨属	
296	被子植物门	花椒	Zanthoxylum bungeanum	芸香科	花椒属	
297	被子植物门	花生	Arachis hypogaea	蝶形花科	花生属	
298	被子植物门	画眉草	Eragrostis pilosa（L.）Beauv.	禾本科	画眉草属	
299	被子植物门	黄花月见草	Oenothera glazioviana Mich.	柳叶菜科	月见草属	
300	被子植物门	鸡眼草	Kummerowia striata	豆科	短穗铁苋菜属	
301	被子植物门	堇菜	Viola verecumda A. Gray	堇菜科	堇菜属	
302	被子植物门	荩草	Arthraxon hispidus（Thunb.）Makio	禾本科	荩草属	
303	被子植物门	决明	Catsia tora Linn	豆科	决明属	
304	被子植物门	看麦娘	Alopecurus aequalis Sobol.	禾本科	看麦娘属	
305	被子植物门	龙葵	Solanum nigrum	茄科	茄属	
306	被子植物门	葎草	Humulus scandens（Lour.）Merr.	桑科	葎草属	
307	被子植物门	罗布麻	Apocynum venetum L.	夹竹桃科	罗布麻属	
308	被子植物门	萝藦	Metaplexis japonica（Thunb.）Makino	萝藦科	萝藦属	
309	被子植物门	马齿苋	Portulaca oleracea L.	马齿苋科	马齿苋属	

续表

序号	门类	中文名	拉丁名	科	属	保护级别
310	被子植物门	马兰	Kalimeris indica (Linn.) Sch	菊科	马兰属	
311	被子植物门	马唐	Digitaria sanguinalis (L.) Scop.	禾本科	马唐属	
312	被子植物门	蜜柑草	Phyllanthusmatsumurae-Hayata	大戟科	蜜柑草属	
313	被子植物门	牛筋草	Gramineae	禾本科	蟋蟀草属	
314	被子植物门	牛膝	Achyranthes bidentata Bl.	苋科	牛膝属	
315	被子植物门	青蒿	Artemisia annua L.	菊科	蒿属	
316	被子植物门	商陆	Phytolacca acinosa Roxb.	商陆科	商陆属	
317	被子植物门	蛇莓	Duchesnea indica (Andr.) Focke	蔷薇科	蛇莓属	
318	被子植物门	铁苋菜	Acalypha australis Linn.	大戟科	铁苋菜属	
319	被子植物门	菟丝子	China Dodder	旋花科	菟丝子属	
320	被子植物门	莔草	Beckmannia syzigachne (Steud.) Fern	禾本科	莔草属	
321	被子植物门	委陵菜	Potentilla chinensis Ser.	蔷薇科	委陵菜属	
322	被子植物门	豨莶	Siegesbeckia orientalis L.	菊科	豨莶属	
323	被子植物门	狭叶香蒲	Typha angustifolia Linn; Tupha angustifolia	香蒲科	香蒲属	
324	被子植物门	小蓟	Cirsium setosum	菊科	蓟属	
325	被子植物门	小蓬草	Conyza Canadensis (L.) Cronq	菊科	白酒草属	
326	被子植物门	一年蓬	Erigeron annuus	菊科	飞蓬属	
327	被子植物门	茵陈蒿	Artemisia capillaries	菊科	艾属	
328	裸子植物	银杏	Ginkgo biloba	银杏科	银杏属	Ⅱ
329	被子植物门	圆叶牵牛	Pharbitis purpurea (L.) Voigt	旋花科	牵牛属	
330	被子植物门	紫穗槐	Amorpha fruticosa L.	豆科	紫穗槐属	
331	被子植物门	钻叶紫菀	Aster subulatus Michx	菊科	紫菀属	
332	被子植物门	百日菊	Zinnia elegans	菊科	百日草属	
333	被子植物门	斑地锦	Euphorbiae maculata	大戟科	大戟属	
334	被子植物门	扁鞘飘拂草	Fimbristylis complanata (Retz.) Link	莎草科	飘拂草属	

续表

序号	门类	中文名	拉丁名	科	属	保护级别
335	被子植物门	刺儿菜	Cirsium segetum	菊科	蓟属	
336	被子植物门	刺苦草	Vallisneria spinulosa	水鳖科	苦草属	
337	被子植物门	打碗花	Calystegia hederacea Wall.	旋花科	打碗花属	
338	被子植物门	地黄	Rehmannia	玄参科	地黄属	
339	被子植物门	地锦草	Euphorbia maculata L.	大戟科	地锦草属	
340	被子植物门	地梢瓜	Cynanchum thesioides (Freyn) K. Sch.	萝藦科	牛皮消属	
341	被子植物门	独行菜	Lepidium apetalum	十字花科	独行菜属	
342	被子植物门	高粱	Sorghum bicolor (L.) Moench	禾本科	高粱属	
343	被子植物门	合萌	Aeschynomene indica L.	豆科	合萌属	
344	被子植物门	虎尾草	Chloris virgata Swartz	禾本科	虎尾草属	
345	被子植物门	黄背草	Themeda triandra Forsk. Var. Japonica	禾本科	黄背草属	
346	被子植物门	黄荆	Vitex negundo	马鞭草科	牡荆属	
347	被子植物门	苘麻	Abutilon theophrasti	锦葵科	苘麻属	
348	被子植物门	金色狗尾草	Setaria glauca (L.) Beauv	禾本科	狗尾草属	
349	被子植物门	金盏银盘	Bidens pilosa Linn.	菊科	鬼针草属	
350	被子植物门	青葙	Celosia argentea Linn.	苋科	青葙属	
351	被子植物门	山东白鳞莎草	Cyperus nipponicus Franch. et Savat.	莎草科	莎草属	
352	被子植物门	田旋花	Convolvulus arvensis	旋花科	旋花属	
353	被子植物门	小飞蓬	Erigeroncanadensis L.	菊科	飞蓬属	
354	被子植物门	小花山桃草	Gaura parviflora Dougl	柳叶菜科	山桃草属	
355	被子植物门	萱草	Hemerocallis fulva	萱草科	萱草属	
356	被子植物门	旋覆花	Inula japonica Thunb.	菊科	旋履花属	
357	被子植物门	野绿豆	Vigna radiata	豆科	豇豆属	
358	被子植物门	叶下珠	Phyllanthus urinaria Linn	大戟科	叶下珠属	
359	被子植物门	益母草	Leonurus japonicus Houtt.	唇形科	益母草属	
360	被子植物门	白苏	Perilla frutescens	唇形科	紫苏属	
361	被子植物门	慈姑	Sagittaria sagittifolia	泽泻科	慈菇属	

续表

序号	门类	中文名	拉丁名	科	属	保护级别
362	被子植物门	绞股蓝	Fiveleaf Gynostemma Herb	葫芦科	绞股蓝属	
363	被子植物门	龙牙草	Agrimonia pilosa Ledeb.	蔷薇科	龙牙草属	
364	被子植物门	曼陀罗	Datura stramonium L.	茄科	曼陀罗属	
365	被子植物门	泥胡菜	Hemistepta1 yrataBunge	菊科	泥胡菜属	
366	被子植物门	茜草	Rubia cordifolia L.	茜草科	茜草属	
367	被子植物门	雀麦	Bromus japonicus Thunb.	禾本科	雀麦属	
368	被子植物门	绵毛酸模	Polygonum lapathifolium L. var. salicifolium Sibth	蓼科	蓼属	
369	被子植物门	五叶锦	P. thomsoni	葡萄科	爬山虎属	
370	被子植物门	细柄黍	Panicum psilopodium var. psilopodium	禾本科	黍属	
371	被子植物门	苋菜	Amaranth	苋科	苋属	
372	被子植物门	小慈菇	Sagittaria natans	泽泻科	慈菇属	
373	被子植物门	泽泻	Alisma plantago-aquatica	泽泻科	泽泻属	
374	被子植物门	猪毛菜	Salsola collina Pall.	藜科	猪毛菜属	
375	被子植物门	紫苏	Perilla frutescens	唇形科	紫苏属	
376	被子植物门	白花菜	Cleome gynandra L.	山柑科	白花菜属	
377	被子植物门	薄叶苋	Amaranthus tenuifolius Willd	苋科	苋属	
378	被子植物门	朝天委陵菜	Potentilla supina Linn.	蔷薇科	委陵菜属	
379	被子植物门	刺苋	Amaranthus spinosus	苋科	苋属	
380	被子植物门	蒌蒿	Artemisia selengensis	菊科	蒿属	
381	被子植物门	苘麻	Abutilon theophrasti Medic	锦葵科	苘麻属	
382	被子植物门	秋画眉	E. Nigra Nees ex steud.	禾本科	画眉属	
383	被子植物门	酸浆	Physalis alkekengi	茄科	酸浆属	
384	被子植物门	田麻	Corchoropsis tomentosa (Thunb.) Makino	椴树科	田麻属	
385	被子植物门	小画眉	Eragrostis minor Host	禾本科	画眉属	
386	被子植物门	小藜	Chenopodium serotinum L.	藜科	藜属	
387	被子植物门	野胡萝卜	Daucus carota L.	伞形科	野胡萝卜属	
388	被子植物门	野西瓜苗	Hibiscus trionum	锦葵科	木槿属	

第二节 湿地植被类型、植物群系和分布

一、湿地植被类型、植物群系

参考《山东省湿地资源调查实施细则》中有关湿地植被分类系统原则，临沂市湿地植被主要为3个湿地植被型组、7个湿地植被型、14个群系。

1. 阔叶林湿地植被型组

Ⅰ 落叶阔叶林湿地植被型

黑杨群系（Form populus）

2. 草丛湿地植被型组

Ⅰ 莎草型湿地植被型

苔草群系（Form Carex sp.）

Ⅱ 禾草型湿地植被型

芦苇群系（Form Phragmites communis）

稗群系（Form Echinochloa crusgalli）

Ⅲ 杂类草湿地植被型

狭叶香蒲群系（Form Typha angustifolia）

水蓼群系（Form Polygonum hydropiper）

喜旱莲子草群系（Form Alternanthera philoxeroides）

葎草群系［Form Humulus scandens（Lour.）Merr］

3. 浅水植物湿地植被型组

Ⅰ 漂浮植被型

紫萍群系［Form Spirodela polyrrhiza（L.）Schleid.］

水鳖群系［Form Hydrocharis dubia（Bl.）Backer］

Ⅱ 浮叶植被型

菱群系（Form Trapa bisponosa）

莲群系（Form Nelumbo nucifera）

Ⅲ 沉水植被型

金鱼藻群系（Form Ceratophyllum demersum L.）

黑藻群系［Form Hydrilla verticillata（L. f. ）Royle］

二、常见植物群系分布及特点

1. 黑杨群系

分布湿地于中旱生湖泊沿岸带或交错区，常形成单优群落或纯群落，群落为人类强干扰形成，是临沂市重要的经济速生林等。

2. 芦苇群系

芦苇群系是网湖湿地保护区中分布较广的植物群系，其高度在200厘米左右。常伴生菰、狭叶香蒲、水蓼和稗等挺水植物，以及浮萍、紫萍、凤眼莲等漂浮植物。

3. 稗群系

常分布水陆交错区，群落优势种稗高度一般约为110厘米，稗盖度在70%左右，常伴生水蓼、喜旱莲子草、浮萍、紫萍等。

4. 狭叶香蒲群系

该群系在湿地区分布较广，常分布于沟渠、湖岸沿岸带和湖边缘，其群落盖度约为60%，狭叶香蒲株高200厘米左右，常伴生莲、水蓼、喜旱莲子草、浮萍、紫萍等。

5. 水蓼群系

水蓼群系十分常见，浅水水域、滩涂、沼泽等地常见分布。群落中常见其他植物种类，有狗牙根、喜旱莲子草、浮萍、水鳖等。

6. 菱群系

常见分布周边池塘，在敞水区和河流中也有分布，河流中分布面积较大，其群落总盖度87%，以菱为优势种，群落中菱平均株高达200厘米，常伴生水蓼、满江红、浮萍、紫萍、稗等。

7. 喜旱莲子草群系

该群系在湿地区分布较广，常见于池塘、沟渠和湖泊沿岸带，常形成植毡层漂浮于水面，群落边缘常见的其他伴生植物有水蓼、水鳖、浮萍、紫萍等。

8. 莲群系

莲群系在湿地区较为常见，多为水塘栽培植物群系，在湖区浅水区域也有零星分布，莲常大面积覆盖水面，盖度达90%以上，形成单一优势种群落，群落边缘常伴生粗梗水蕨、水蓼、浮萍、紫萍等植物。

9. 苔草群系

分布湖泊沿岸带或浅水区，常形成单优群落或纯群落，群落中常伴生稗、水蓼、喜旱莲子草、浮萍、紫萍等。

第三节　湿地植被的保护和利用情况

近年来，为有效保护临沂市的湿地资源，改善区域生态环境，临沂市委、市政府对湿地保护工作高度重视，大力实施了沂河、沭河、祊河和小涑河等河流综合治理、湿地水环境恢复及水质改善等工程，维护了生物多样性，改善了人居环境，提升了城市品位，促进了人与自然和谐，对构建“生态临沂”具有重大意义。

第六章 湿地野生动物

第一节 湿地野生动物种类和特点

由于临沂地形复杂多样，气候、土壤同样具有多样性特点，为野生动物提供了生长、庇护的环境。通过外业调查，结合历史资料，获得动物名录295种，国家Ⅰ级重点保护野生动物有白鹳、金雕、白肩雕、胡兀鹫、大鸨、丹顶、白鹤、白头鹤8种，国家Ⅱ级重点保护野生动物有黑头白鹳、白琵鹭、白额雁、大天鹅、小天鹅、鸳鸯、苍鹰、雀鹰、松雀鹰、大鵟、普通鵟等35种。

第二节 湿地鸟类

临沂市地处鲁东南，属山地丘陵区，现有鸟类资源较为丰富，涉及17目45科193种，其中留鸟151种，夏候鸟29种，冬候鸟13种。白鹳、白额雁、大天鹅、鸳鸯、鹰、雀鹰、松雀鹰、金雕、鹊鹞、灰背隼、红隼、灰鹤、丹顶鹤、白枕鹤、草鸮、红角鸮、领角鸮、纵纹腹小鸮18种被列为国家重点保护野生动物，麝鼹、苍鹭、草鹭、绿鹭、大白鹭、针尾鸭、赤膀鸭、普通秋沙鸭、董鸡、灰斑鸠、四声杜鹃、凤头百灵、太平鸟、黑枕黄鹂、暗绿绣眼鸟、黄雀等16种被列为省重点保护野生动物。本地鸟类优势种类主要有树麻雀、家燕、金腰燕、云雀、黑卷尾、白鹡鸰、草百灵、四声杜鹃、大杜鹃、三道眉草鹀、红尾伯劳、虎纹伯劳、牛头伯劳、大山雀、灰喜鹊、沙百灵、白头鹎、黑喉石即鸟、珠颈斑鸠、山斑鸠、黄鹂、金翅雀、绣眼等45种，约占实有鸟类的21%。

表 6－1

临沂湿地鸟类名录

纲	目	科	种（亚种）中文名	种（亚种）拉丁名	编号
鸟纲	鹱形目	海燕科	黑叉尾海燕	Oceanodroma monorhis（Swinhoe）	1
	鹳形目	鹭科	苍鹭	Ardea cinerea rectirostris Gould	2
			草鹭	Ardea purpurea manilensis Meyen	3
			绿鹭	Butorides striatus amurensis Schrenck	4
			池鹭	Ardeola bacchus　（Bonaparte）	5
			大白鹭	Egretta alua modesta（J. E. Gray）	6
			中白鹭	Egretta intermedia intermedia（Wagler）	7
			黄嘴白鹭	Egretta eulophotes（Swinhoe）	8
			虎斑鳽	Gorsachius sp.	9
			黄斑苇鳽	Ixobrychus sinensis sinensis（Gmelin）	10
			大麻鳽	Botaurus stellaris stellaris（Linnaeus）	11
		鹳科	白鹳	Ciconia ciconia boyciana Swinhoe	12
	雁形目	鸭科	鸿雁	Anser cygnoides（Linnaeus）	13
			豆雁	Anser fabalis serrirostris Swinhoe	14
			白额雁	Anser albifrons albifrons（Scopoli）	15
			大天鹅	Cygnus cygnus cygnus　（Linnaeus）	16
			赤麻鸭	Tadorna ferrugines（pallas）	17
			针尾鸭	Anas acuta acuta Linnaeus	18
			绿翅鸭	Anas crecca crecca Linnaeus	19
			罗纹鸭	Anas falcata Georgi	20
			绿头鸭	Anas platyrhynchos platyrhynchos Linnaeus	21
			斑嘴鸭	Anas poecilorhyncha zonorhyncha Swinhoe	22
			赤膀鸭	Anas strepera strepera Linnaeus	23
			赤颈鸭	Anas penelope Linnaeus	24
			琵嘴鸭	Anas clypeata Linnaeus	25
			鸳鸯	Aix galericulata（Linnaeus）	26
			普通秋沙鸭	Mergus merganser Linnaeus	27
	隼形目	鹰科	苍鹰	Accipiter gentilis schvedow（Menzbier）	28

续表

纲	目	科	种（亚种）中文名	种（亚种）拉丁名	编号
鸟纲	隼形目	鹰科	雀鹰	Accipiter nisus nisosimilis（Tickell）	29
			松雀鹰	Accipiter virgatur gularis（Temminck et Schlegel）	30
			金雕	Aquila chrysaetos daphanea Menzbier	31
			鹊鹞	Circus melanoleucos（Pennant）	32
			白尾鹞	Circus cyaneus（Linnaeus）	33
			兀鹫	Cyps fulvus（Hablizl）	34
		隼科	灰背隼	Falco columbarius pacificus（Clark）	35
			红隼	Falco tinnunculus interstinetus Mcclel-land	36
	鸡形目	雉科	石鸡	Alectoris graeca pubescens（Swinhoe）	37
			鹌鹑	Coturnix coturnix japonica Temminck et Schlegel	38
			雉鸡	Phasianus colchicus torquatus Gmelin	39
	鹤形目	三趾鹑科	黄脚三趾鹑	Turnix tanki blanfordiiBlyth	40
		鹤科	白枕鹤	Grus vipio pallas	41
			灰鹤	Grus grus lilfordi Sharpe	42
			丹顶鹤	Grus japonersis（Müller）	43
		秧鸡科	董鸡	Gallicrex cinerea cinerea（Gmelin）	44
			黑水鸡	Gallinual chloropus indius Blyth	45
			骨顶鸡（白骨顶）	Fulica atra atra Linnaeus	46
	鸻形目	鸻科	凤头麦鸡	Vanellus vanellus（Linnaeus）	47
			灰斑鸻	Pluvialis squatarola（Linnaeus）	48
			剑鸻	Charadrius hiaticula placidus J. E. et G. R. Gray	49
			金眶鸻	Charadrius dubius curonicus Gmelin	50
			白领鸻（环颈鸻）	Charadrius alexandrinus dealbatus（Swinhoe）	51
		鹬科	中杓鹬	Numenius phaeopus variegatus（Scopoli）	52
			斑尾塍鹬	Limosa lapponica novaezealandiae G. R. Giay	53
			鹤鹬	Tringa erythropus（Pallas）	54

续表

纲	目	科	种（亚种）中文名	种（亚种）拉丁名	编号
鸟纲	鸻形目	鸻科	青脚鹬	Tringa nebularia (Gunnerns)	55
			白腰草鹬	Tringa ochropus Linnaeus	56
			林鹬	Tringa glareola Linnaeus	57
			矶鹬	Tringa hypoleucos Linnaeus	58
			林沙锥	Capella nemoricola (Hodgson)	59
			针尾沙锥	Capella stenura (Bonaparte)	60
			扇尾沙锥	Capella gallinago gallinago Linnaeus	61
			丘鹬	Scolopax rusticola rusticola Linnaeus	62
			三趾鹬	Crocethia alba (Pallas)	63
	鸥形目	鸥科	黑尾鸥	Larus crassirostris Vieillot	64
			银鸥	Larus argentatus Vegae Palmem	65
			红嘴鸥	Larus ridibundus Linnaeus	66
			白额燕鸥	Sterna albifrons sinensis Gmelin	67
	海雀目	海雀科	扁嘴海雀	Synthliboramphus antiquus (Gmelin)	68
	鸽形目	鸠鸽科	岩鸽	Columba rupestris rupestris Pallas	69
			原鸽	Columba livia Gmglin	70
			山斑鸠	Streptopelia orientalis orientalis (Latham)	71
			灰斑鸠	Streptopelia decaocto decaocto (Frivaldszky)	72
			珠颈斑鸠	Streptopelia chinensis chinensis (Scopoli)	73
			火斑鸠	Oenopopelia tranquebarica humilis (Temminck)	74
	鹃形目	杜鹃科	四声杜鹃	Cuculus micropterus micropterus Gould	75
			大杜鹃	Cuculus canorus Linnaeus	76
	鸮形目	草鸮科	草鸮	Tyto capensis (Smith)	77
		鸱鸮科	红角鸮	Otus scops stictonotus (Sharpe)	78
			领角鸮	Otus bakkamoena ussuriensis (Buturlin)	79
			雕鸮	Bubo bubo kiautschensis Reichenow	80
			纵纹腹小鸮	Athene noctua plumipes Swinhoe	81

续表

纲	目	科	种（亚种）中文名	种（亚种）拉丁名	编号
鸟纲	鸮形目	鸱鸮科	长耳鸮	Asio otus otus（Linnaeus）	82
			短耳鸮	Asio flammeus flammeus（Pontoppidan）	83
	夜鹰目	夜鹰科	普通夜鹰	Caprimulgus indicus jotaka Temminck et Schlegel	84
	雨燕目	雨燕科	针尾雨燕	Bubo bubo kiautschensis Reichenow	85
			白腰雨燕	Apus pacificus pacificus（Latham）	86
	佛法僧目	翠鸟科	普通翠鸟	Alcedo atthis bengalensis Gmelin	87
			蓝翡翠	Halcyon pileta（Boddaert）	88
		佛法僧科	三宝鸟	Eurystomus orientalis calonyx Sharpe	89
		戴胜科	戴胜	Upupa epops saturata Lonnberg	90
	鴷形目	啄木鸟科	黑枕绿啄木鸟	Picus canus zimmermanni Reichenow	91
			斑啄木鸟	Dendrocopos major cabanisi（Malherbe）	92
			小星头啄木鸟	Dendrocopos kizuki wilderi BV）	93
	雀形目	百灵科	小沙百灵	Calandrella rufescens cheleensis（Swinhoe）	94
			凤头百灵	Galerida cristata leautungensis（Swinhoe）	95
			云雀	Alauda arvensis intermedia Swinhoe	96
		燕科	家燕	Hirundo rustica gutturalis Scopoli	97
			金腰燕	Hirundo daurica japonica Temminck et Schlegel	98
			毛脚燕	Delichon urbica lagopoda（Pallas）	99
		鹡鸰科	树鹨	Anthus hodgsoni yunnanensis Uchida et Kuroda	100
			水鹨	Anthus spinoletta japonicus Temminck et Schlegel	101
			草地鹨	Anthus pratensis（Linnaeus）	102
			田鹨	Anthus novaeseelandiae richardi Vieillot	103
			白鹡鸰	Motacilla alba ocularis Swinhoe	104
			灰鹡鸰	Motacilla cinerea robusta（Brehm）	105
			黄鹡鸰	Motacilla flava macronyx（Stresemann）	106

续表

纲	目	科	种（亚种）中文名	种（亚种）拉丁名	编号
鸟纲	雀形目	鹡鸰科	山鹡鸰	Dendronanthus indicus (Gmelin)	107
			红喉鹨	Anthus cervinus (Pallas)	108
		山椒鸟科	灰山椒鸟	Pericrocotus divaricatus divaricatus (Raffles)	109
		鹎科	白头鹎	Pycnonotus sinensis sinensis (Gmelin)	110
			黑短脚鹎	Hypsipetes madagascariensis Leucocephalus (Gmelin)	111
		太平鸟科	太平鸟	Bombycilla garrulus centralasiae Poliakov	112
			小太平鸟	Bombycilla japonica (Siebold)	113
		伯劳科	虎纹伯劳	Lanius tigrinus Drapiez	114
			牛头伯劳	Lanius bucephalus bucephalus Temminck et Schlegel	115
			红尾伯劳	Lanius cristatus confusus Stegmann	116
			棕背伯劳	Lanius schach schach Linnaeus	117
			长尾灰伯劳	Lanius sphenocercus sphenocercus Cabanrs	118
		黄鹂科	黑枕黄鹂	Oriolus chinensis diffusus Sharpe	119
		卷尾科	黑卷尾	Dicrurus macrocercus cathoecus Swinhoe	120
			发冠卷尾	Dicrurus hottentottus brevirostris Cabanis et Heine	121
		椋鸟科	北椋鸟	Sturnus sturninus (Pallas)	122
			灰椋鸟	Sturnus cineraceus Temminck	123
		鸦科	灰喜鹊	Cyanopica cyana interposita Hartert	124
			喜鹊	Pica pica sericea Gould	125
			红嘴山鸦	Pyrrhocorax pyrrhocorax brachypus (Swinhoe)	126
			家鸦	Corvus splendens Vieillot	127
			寒鸦	Corvus monedula dauuricus Pallas	128
			大嘴乌鸦	Corvus macrorhynchus colonorum Swinhoe	129
		鹪鹩科	鹪鹩	Troglodytes troglodytes idius (Richmond)	130

续表

纲	目	科	种（亚种）中文名	种（亚种）拉丁名	编号
鸟纲	雀形目	岩鹨科	棕眉山岩鹨	Prunella montanella (Pallas)	131
		鸫亚科	红尾歌鸲	Luscinia sibilans sibilans (Swinhoe)	132
			红喉歌鸲	Luscinia calliope (Pallas)	133
			蓝点颏	Luscinia svecica svecica (Linnaeus)	134
			蓝歌鸲	Luscinia cyane cyane (Pallas)	135
			红胁蓝尾鸲	Tarsiger cyanurus cyanurus (Pallas)	136
			北红尾鸲	Phoenicurus auroreus auroreus (Pallas)	137
			黑喉石即鸟	Saxicola torquata stejnegeri (Parrot)	138
			白顶溪鸲	Chaimarrornis laucocephalu (Vigors)	139
			蓝头矶鸫	Monticola cinclorhynchus gularis (Swinhoe)	140
			蓝矶鸫	Monticola solitaria philippensis (Muller)	141
			白眉地鸫	Zoothera sibirica sibirica (Pallas)	142
			虎斑地鸫	Zoothera dauma aurea (Holandre)	143
			灰背鸫	Turdus hortulorum Sclater	144
			白腹鸫	Turdus pallidus	145
			赤颈鸫	Turdus ruficollis	146
			斑鸫	Turdus naumanni eunomus Temminck	147
		画眉亚科	棕头鸦雀	Paradoxornis webbianus fulvicauda (Campbell)	148
		莺亚科	鳞头树莺	Cattia squameiceps (Swinhoe)	149
			苍眉蝗莺	Locustella fasciolata (Gray)	150
			矛斑蝗莺	Locustella lanceolata (Temminck)	151
			大苇莺	Acrocephalus arundinaceus orientalis (Temminck et Schlegel)	152
			黄眉柳莺	Phylloscopus inornatus inornatus (Blyth)	153
			黄腰柳莺	Phylloscopus proregulus proregulus (Pallas)	154
			极北柳莺	Phylloscopus borealis borealis (Blasius)	155

续表

纲	目	科	种（亚种）中文名	种（亚种）拉丁名	编号
鸟纲	雀形目	莺亚科	冕柳莺	Phylloscopus coronatus (Temminck et Schlegel)	156
			芦莺	Phragamaticola aedon aedon (Pallas)	157
		戴菊科	戴菊	Regulus regulus japonensis Blakiston	158
		鹟亚科	白眉（姬）鹟	Ficedula zanthopygia (Hay)	159
			乌鹟	Muscicapa sibirica sibirica Gmelin	160
			白腹蓝（姬）鹟	Ficedula cyanomelana cyanomelana (Temminck)	161
			北灰鹟	Muscicapa latirostris Raffles	162
			斑胸鹟	Muscicapa griseisticta (Swinhoe)	163
			鸲（姬）鹟	Ficedula mugimaki (Temminck)	164
			寿带鸟	Terpsiphone paradisi incei (Gould)	165
		山雀科	大山雀	Parus major artatus Thayer et Bangs	166
			黄腹山雀	Parus Venustulus Swinhoe	167
			沼泽山雀	Parus palustris hellmayri Bianchi	168
			银喉长尾山雀	Aegithalos caudatus vinaceus (Verreaux)	169
		绣眼鸟科	暗绿绣眼鸟	Zosterops japonica simplex Swinhoe	170
			红胁绣眼鸟	Zosterops erythropleura Swinhoe	171
		文鸟科	［树］麻雀	Passer montanus saturatus Stejneger	172
			山麻雀	Passer rutilans rutilans (Temminck)	173
		雀科	燕雀	Fringilla montifringilla Linnaeus	174
			金翅雀	Carduelis sinica ussuriensis (Hartert); C. S. Sinica	175
			黄雀	Carduelis spinus (Linnaeus)	176
			白腰朱顶雀	Carduelis flammea flammea (Linnaeus)	177
			北朱雀	Carpodacus roseus (Pallas)	178
			红交嘴雀	Loxia curvirostra japonica Ridgway	179
			红腹灰雀	Pyrrhula pyrrhula (Linnaeus)	180
			黑头蜡嘴雀	Eophona personata magnirostris Hartert	181
			黑尾蜡嘴雀	Eophona migratoria migretoria Hartert	182

续表

纲	目	科	种（亚种）中文名	种（亚种）拉丁名	编号
鸟纲	雀形目	雀科	锡嘴雀	Coccothraustes coccothraustes coccothraustes （Linnaeus）	183
			栗鹀	Emberiza rutila Pallas	184
			黄喉鹀	Emberiza elegans ticehursti Sushkin	185
			灰头鹀	Emberiza spodocephala spodocephala pallas	186
			赤胸鹀	Emberiza fucata fucata Pallas	187
			田鹀	Emberiza rustica rustica Pallsa	188
			三道眉草鹀	Emberiza cioides Castaneiceps Moore	189
			黄眉鹀	Emberiza chrysophrys Pallas	190
			小鹀	Emberiza pusilla Pallas	191
			铁爪鹀	Calcarius lapponicus coloratus	192
			红颈苇鹀	Meberiza yessoensis continentalis Witherby	193

第三节　鱼类、无脊椎类

一、种类和主要分布

临沂湿地内有淡水鱼15科56种，主要常见鱼类有鲫鱼、鲤鱼、草鱼、鳙鱼、鲢鱼、鲶鱼、胡子鲶鱼、泥鳅、麦穗鱼、餐条、翘嘴鲌、银飘鱼、黄颡鱼、乌鳢、棒花鱼、中华鳑鲏、青鱼、赤眼鳟、刺鳅、黄鳝、鳜鱼等。由于临沂河道水系基本贯通，且距离较近，各调查斑块内鱼类种类分布未见区别。

表6-2　　临沂湿地主要鱼类名录

纲	目	科	种（亚种）中文名	种（亚种）拉丁名	编号
鱼纲	鲤形目	鲤科	鳡鱼	Elonpichthys bambusa	1
			草鱼	Ctenopharyngoden idellus	2
			青鱼	Mylopharyngodon piceus	3
			南方马口鱼	Opsariichthys uncirostris bidens	4

续表

纲	目	科	种（亚种）中文名	种（亚种）拉丁名	编号
鱼纲	鲤形目	鲤科	宽鳍鱼昔	Zacco platypus	5
			赤眼鳟	Squaliobarbus curriculus	6
			银飘	Parapelecus argenteus	7
			贝氏餐条	Hemiculter bleekeri bleekeri	8
			餐条	H. leucisculous	9
			三角鲂	Megalobrama terminalis	10
			团头鲂	M. amblycephala	11
			翘嘴红鲌	Erythroculter ilishaeformis	12
			蒙古红鲌	E. mongolicus	13
			戴氏红鲌	E. dabryi	14
			红鳍鲌	Culter erythropterus	15
			长春鳊	Parabramis pekinensis	16
			银鲴	Xenocypris argentea	17
			黄尾密鲴	X. davidi	18
			细鳞斜颌鲴	Plagiognathops microlepis	19
			圆吻鲴	Distoechon tumirastris	20
			逆鱼	Acanthobrama simoni	21
			高体鳑鲏	Rhodeus ocellatus	22
			中华鳑鲏	R. sinensis	23
			斑条刺鳑鲏	Acanthorbodeus taenianalis	24
			白鲢	Hypophthyalmichthys molitrix	25
			花鲢	Aristichthys nobilis	26
			鲤鱼	Cyprinuas carpio haematopterus	27
			鲫鱼	Carassius auratus auratus	28
			唇鱼骨	Hemibarbus labeo	29
			花鱼骨	H. maculatus	30
			麦穗鱼	Pseudorasbora parva	31
			稀有麦穗鱼	P. fowleri	32
			花鳈	Sarcocheilichthys sinensis	33

续表

纲	目	科	种（亚种）中文名	种（亚种）拉丁名	编号
鱼纲	鲤形目	鲤科	蛇鮈	Saurogobio dabryi	34
			长蛇鮈	S. dumerili	35
			似鮈	Pseudogobio vaillanti	36
			棒花鱼	Abbottina rivularis	37
			鳅鮀	Gobiobotia pappenbeimi	38
			平鳍鳅鮀	G. homalopteroidea	39
		鳅科	泥鳅	Misgurnus anguillicaudatus	40
			花鳅	Cobitis taenia	41
			黄沙鳅	Botia xantbi	42
	鲶形目	鲶科	鲶鱼	Parasilurus asotous	43
		鮠科	黄鱼桑鱼	Pseudobagrus fulvidraco	44
			长吻鮠	Leiocassis longirostris	45
	刺鳅目	刺鳅科	刺鳅	Mouculeatus	46
	鳗鲡目	鳗鲡科	鳗鲡	Anguilla japonica	47
	合鳃目	合鳃科	黄鳝	Monopterus albus	48
	鲻形目	鳢科	乌鳢	Ophicephalus argus	49
	鲈形目	鱼旨科	鳜鱼	Siniperca chuatsi	50
			大眼鳜	S. kneri	51
		丽鱼科	尼罗罗非鱼	Tilapia nilotica	52
			莫桑比克罗非鱼	T. mossambica	53
		虾虎鱼科	栉虾虎鱼	Ctenogbius giruinus	54
		攀鲈科	圆尾斗鱼	Macropodus chinensis	55
		塘鳢科	史氏黄	Hypseleotris swinhonis	56

二、经济种类的利用情况

临沂市除坚持传统四大家鱼青鱼、草鱼、鲢鱼、鳙鱼的养殖外，近年来优质鲤鱼、鲫鱼、鳜鱼、泥鳅、银鱼形成地方品牌，渔业经济总产值达到25亿元，其中水产品产值12亿元。

表 6－3　　临沂市湿地无脊椎动物名录

目	科	种中文名	种拉丁名	保护等级	数量状况
十足目	长臂虾科	日本沼虾	Macrobrachium nipponensis		可见
		秀丽白虾	Leander modestus Heller		易见
	匙指虾科	中华新米虾	Caridina		可见
	梭子蟹科	青蟹	Eriochair sinensis		可见
真瓣鳃目	蚌科	背角无齿蚌	Anodonta woodiana		可见
		三角帆蚌	Hjriopsis cumingii		易见
		褶纹冠蚌	Cristaria plicata		可见
列齿目	蚶科	泥蚶	Arca granosa		可见
异柱目	贻贝科	贻贝	Mytilus edulis		罕见
珍珠贝目	扇贝科	栉孔扇贝	Chlamys farreri		罕见
头楯目	阿地螺科	泥螺	Bullacta exarata		可见
有肺目	椎实螺科	耳罗卜螺	Radix auricularia		罕见
原始腹足目	马蹄螺科	马蹄螺	Trochus pyram		罕见
栉鳃目	田螺科	田螺	Cipangopaludina chinensis		易见
基眼目	椎实螺科	椎实螺	Lymnaea		可见
中腹足目	盖螺科	钉螺	Onlomelania		可见

第四节　两栖类、爬行类、哺乳类

一、种类和主要分布

通过外业调查，结合历史资料，获得临沂市两栖类、爬行类、哺乳类动物 15 科 30 种，主要兽类有草兔、褐家鼠、小家鼠、黑线姬鼠、田鼠、黑线仓鼠、大仓鼠、社鼠、刺猬、麝鼹、蝙蝠、伏翼（家蝠），两栖类、爬行类动物有大蟾蜍、东方蟾蜍、花背蟾蜍、黑斑蛙、泽蛙、金线蛙、北方狭口蛙、丽斑麻蜥、山地麻蜥、壁虎、鳖、乌龟、火赤链蛇、黄脊游蛇、虎斑游蛇、白条锦蛇、黑眉腹蛇。

由于临沂河道水系基本贯通，且距离较近，对各调查斑块内种类分布未进行区分。

表6-4　　临沂湿地主要两栖类、爬行类、哺乳类动物名录

纲	目	科	种（亚种）中文名	种（亚种）拉丁名	编号
两栖纲	无尾目	蟾蜍科	大蟾蜍	Bufo bufo	1
			东方蟾蜍	Bufo gargarizans	2
			花背蟾蜍	Bufo raddei	3
		蛙科	黑斑蛙	Rana nigromaculata	4
			泽蛙	Rana limnocharis	5
			金线蛙	Rana plancyi	6
		姬蛙科	北方狭口蛙	Kaloula borealis	7
爬行纲	蜥蜴目	蜥蜴科	丽斑麻蜥	Eremias argus	8
			山地麻蜥	Eremias brenchleyi	9
	有鳞目	壁虎科	壁虎	Gekko japonicus	10
	龟鳖目	鳖科	鳖	Triongx sinensis	11
		龟科	乌龟	Clemmys mutica	12
	蛇目	游蛇科	火赤链蛇	Dinodon rufozonatum	13
			黄脊游蛇	Coluber spinalis	14
			虎斑游蛇	Rhabdophis tigrinus formosanus	15
			白条锦蛇	Elaphe dione	16
		蝮科	黑眉腹蛇	Agkistrodon halys	17
哺乳纲	兔形目	兔科	草兔	Oryctolagus cuniculus domestica	18
	啮齿目	鼠科	褐家鼠	Rattus norvegicus	19
			小家鼠	Mus musculus	20
			黑线姬鼠	Apoclemus agrarius	21
			田鼠	Microtus fortis	22
			黑线仓鼠	Cricetulus barabensis, Cricetulus griseus	23
			大仓鼠	Cricetulus tyiton de Winton	24
			社鼠	Ruttus niviventer（Hodgson）	25
	猬形目	猬科	刺猬	Erinaceus europaeus	26
	食虫目	鼹科	麝鼹	Scaptochirus moschatus	27
	翼手目	蝙蝠科	蝙蝠	Hipposidleros	28
			伏翼（家蝠）	Nyctalus	29
		菊头蝠科	菊头蝠	Rhinolophus	30

二、经济种类的利用情况

目前临沂市对湿地两栖类、爬行类、哺乳类动物的经济种类利用率较低，仅有鳖和蛙类养殖、蟾蜍的提取等的零星报道，未形成规模效益。

第七章　重点调查湿地

第一节　基本概况

一、重点调查湿地概况

临沂市第二次湿地资源调查，重点调查湿地的数量 9 块，总面积 12382.16 公顷，湿地植被面积 1857.73 公顷，分别分布在沂水县（3 块）、沂南县（1 块）、蒙阴县（1 块）、兰山区（1 块 ）、罗庄区（1 块）、临沭县（1 块）、苍山县（1 块），水环境总体呈富营养趋势，保护管理状况较差，受威胁状况较轻，土地所有权均为国家所有。

二、重点调查湿地名录

表 7－1　　临沂市重点调查湿地名录

序号	湿地名称	斑块名称	湿地面积	湿地型	所属行政区划
1	武河国家湿地公园	武河国家湿地公园	946.67	201 永久性河流	罗庄区
2	岸堤水库湿地	岸堤水库	659.79	501 库塘	蒙阴县
3	沂河湿地	跋山水库上游沂河段	265.84	201 永久性河流	沂水县
		跋山水库下游沂河段	1781.32	201 永久性河流	
		沂河沂南苏村段	119.96	201 永久性河流	沂南县
4	沂河湿地	跋山水库	4628.81	501 库塘	沂水县
5	会宝岭水库湿地	会宝岭水库	2896.99	501 库塘	苍山县
6	祊河省级湿地公园	祊河省级湿地公园	182.69	201 永久性河流	兰山区
7	沭河省级湿地公园	沭河省级湿地公园	901.09	201 永久性河流	临沭县

第二节 各重点调查湿地概述

一、临沂市祊河省级湿地公园

祊河湿地位于临沂市兰山区，依祊河而生，是沂河的重要支流之一，其生态功能的发挥对于维护沂河乃至淮河流域的水质安全具有重要意义；祊河湿地景观优美，植物资源丰富，是众多鸟类理想的栖息地；周边人文资源丰富，民俗底蕴厚重，具有开展湿地保护与生态旅游的区域优势和基础。

（一）基本情况

1. 调查范围

临沂市祊河省级湿地公园，编码371300，调查时间2012年7月25～27日，调查范围湿地总面积265.84公顷，共一个湿地斑块，为河流湿地类中的永久性河流湿地型。

2. 地理位置

位于临沂市兰山区境内，中心点坐标为北纬35°10′47″、东经118°13′12″。

（二）自然环境与水环境情况

1. 自然环境状况

临沂市祊河省级湿地公园调查区内为祊河冲积平原，平均海拔65.07米，沙壤土；年平均气温13.3℃，变化范围-16.5～40℃，≥0℃年均积温5004，≥10℃年均积温3680；年平均降水量880.2毫米，变化范围539.5～1417.3毫米，主要集中在4～7月；年均蒸发量1410毫米。

2. 水环境状况

临沂市祊河省级湿地公园调查区内水源补给状况以地表径流和大气降水为主，为永久性积水区，丰水位77.3米，平水位76.5米，枯水位75.5米，最大水深2.7米，平均水深0.8米，蓄水量6000万米^3。

祊河省级湿地公园调查区内水质在空间分布上呈现较强异质性，在不同区域水质差异较大，整体上水质现状较差，水质为Ⅲ～Ⅳ类。地表水pH为7.15，中性；矿化度值为0.38克/升，为淡水；总氮含量为1.50毫克/升，总磷含量为

0.20 毫克/升，化学需氧量为25 毫克/升；透明度为1.0～1.5 米（水质调查期间为汛期），浑浊；富营养状况为富营养；水质等级为Ⅳ类（《GB 3838—2002》下同）；地下水 pH 为7.1～7.7，中性；矿化度为0.45 克/升，为淡水；水质等级为Ⅲ类。

调查发现公园内以种植业、养殖业、林业、畜牧业等为主，工业污染较少，主要污染因子为上游工业用水和生活用水。

（三）湿地野生动物调查

1. 脊椎动物资源

主要鱼类有鲫鱼、鲤鱼、草鱼、鳙鱼、鲢鱼、鲶鱼、胡子鲶鱼、泥鳅、麦穗鱼、餐条、翘嘴鲌、银飘鱼、黄颡鱼、乌鳢、棒花鱼、中华鳑鲏、青鱼、赤眼鳟、刺鳅、黄鳝、鳜鱼等，主要鸟类有白鹭、白眼潜鸭、小䴙䴘、池鹭、青脚鹬、家燕、麻雀等，主要兽类草兔、褐家鼠、小家鼠、黑线姬鼠 、田鼠、黑线仓鼠、大仓鼠、社鼠、刺猬、麝鼹、蝙蝠、伏翼（家蝠），两栖类、爬行类动物有大蟾蜍、东方蟾蜍、花背蟾蜍、黑斑蛙、泽蛙、金线蛙、北方狭口蛙、丽斑麻蜥、山地麻蜥、壁虎 、鳖、乌龟、火赤链蛇、黄脊游蛇、虎斑游蛇、白条锦蛇、黑眉腹蛇。

2. 无脊椎动物资源

主要有圆田螺、环棱螺、褶纹冠蚌、椎实螺、河无齿蚌、三角帆蚌、河蚬、钉螺、日本沼虾、秀丽白虾、青蟹。

（四）湿地植物群落调查

1. 植物调查

将祊河省级湿地公园作为一个调查单元，采用样带和样点结合调查方法进行调查，共设置植物调查样方75 个。

2. 植物资源

本次调查结合历史资料，发现公园水生（湿生）植物计有117 种（变种），隶属于49 科101 属，其中蕨类植物2 科2 属2 种，裸子植物3 科3 属3 种，被子植物44 科96 属112 种。

本次调查发现湿地植物的优势种有水蓼（Polygonum hydropiper）、芦苇（Phragmintes communis）、菱（Trapa bisponosa）、穗花狐尾藻（Myriophyllum spicatum）、轮叶黑藻（Hydrilla verticillata）、金鱼藻（Ceratophyllum demersum）、喜旱莲子草（Alternanthera philoxeroides）、水鳖（Hydrocharis dubia）和稗（Echinochloa crusgalli）等，主要植物群系类型有黑杨群系、水蓼群系、菱群系、稗群系和狭叶香蒲群系等。

3. 植物群落

（1）湿地植被类型

参考《山东省湿地资源调查实施细则》中有关湿地植被分类系统原则，调查区内湿地植被可划分为3个湿地植被型组、6个湿地植被型、11个群系。

阔叶林湿地植被型组

Ⅰ 落叶阔叶林湿地植被型

黑杨群系（Form Populus nigra Linn.）

草丛湿地植被型组

Ⅰ 莎草型湿地植被型

苔草群系（Form Carex sp.）

Ⅱ 禾草型湿地植被型

芦苇群系（Form Phragmites communis）

稗群系（Form Echinochloa crusgalli）

Ⅲ 杂类草湿地植被型

狭叶香蒲群系（Form Typha angustifolia）

水蓼群系（Form Polygonum hydropiper）

喜旱莲子草群系（Form Alternanthera philoxeroides）

浅水植物湿地植被型组

Ⅰ 浮叶植被型

菱群系（Form Trapa bisponosa）

莲群系（Form Nelumbo nucifera）

Ⅱ 沉水植被型

黑藻群系（Form Hydrilla verticillata）

菹草群系（Form Potamogeton crispus）

（2）植物群系分布及特点

①苔草群系：分布湖泊沿岸带或浅水区，常形成单优群落或纯群落，群落中常伴生稗、水蓼、喜旱莲子草、浮萍、紫萍等。

②芦苇群系：芦苇群系是湿地区中分布较广的植物群系，其高度在200厘米左

右。常伴狭叶香蒲、水蓼和稗等挺水植物，以及浮萍、紫萍、凤眼莲等漂浮植物。

③稗群系：常分布在水陆交错区，群落优势种稗高度一般约为110厘米，稗盖度在70%左右，常伴生水蓼、喜旱莲子草、浮萍、紫萍等。

④狭叶香蒲群系：该群系在湿地区分布较广，常分布于沟渠、湖岸沿岸带和子湖边缘，其群落盖度约为60%，狭叶香蒲株高200厘米左右，常伴生莲、水蓼、喜旱莲子草、浮萍、紫萍等。

⑤水蓼群系：水蓼群系在区内十分常见，浅水水域、滩涂、沼泽等地都有分布。群落中常见其他植物种类有狗牙根、喜旱莲子草、浮萍、水鳖等。

⑥菱群系：常见分布于周边池塘，在敞水区和河流中也有分布，河流中分布面积较大，其群落总盖度87%。以菱为优势种，群落中菱平均株高达200厘米，常伴生水蓼、满江红、浮萍、紫萍、稗等。

⑦喜旱莲子草群系：该群系在湿地区分布较广，常见于池塘、沟渠和湖泊沿岸带，常形成植毡层漂浮于水面，群落边缘常见的其他伴生植物有水蓼、水鳖、浮萍、紫萍等。

⑧莲群系：莲群系在湿地区较为常见，多为水塘栽培植物群系，在湖区浅水区域也有零星分布。莲常大面积覆盖水面，盖度达90%以上，形成单一优势种群落，群落边缘常伴生粗梗水蕨、水蓼、浮萍、紫萍等植物。

（五）保护管理状况等

已于2011年12月14日获批建立临沂市祊河省级湿地公园，为正科级单位，主管部门为临沂市兰山区林业局。

（六）湿地功能与利用方式

本湿地处于建设初期，未来主要作用为旅游休闲地。

（七）受威胁状况

主要受上游来水污染和过度捕捞威胁，级别轻微。

（八）土地所有权

国家所有。

（九）湿地主管部门和管理机构

目前正筹建湿地公园管理所，主管部门为临沂市兰山区林业局。

二、临沂市武河国家湿地公园

武河湿地公园位于山东省临沂市罗庄区黄山镇境内，东临沂河，北接蒋史汪橡胶坝、南至廖家屯闸。临沂武河湿地公园的设计顺应自然，以恢复生态、保护环境、净化水质、维持生物多样性为目标，依托临沂巨大的河流湿地系统而打造，公园全长15千米，总占地面积20000亩。2009年11月26日一期工程建设正式开工，投资1.048亿元。15千米围堰路面得以硬化，完成了迎水面植草护坡砖铺设，建造了4座景观桥、4座拦水坝、8座溢流坝、2座跌水池、39个生态岛。完成了水生植物栽植，湿地内现有各类苗木29种5225棵，水生植物106种64.69万株，芦蒲27.7万株，地被植物27种面积10万米^2，形成了“一个一个滞流塘，一片一片莲藕汪，五颜六色水植物，一望无际芦苇荡”的美丽景观。规划中的二期工程投资2.13亿元，从江风口分洪闸至蒋史汪橡胶坝，全长5千米，面积5000亩。将陆续建成中央公园、鸟类公园、湿地植物园、湿地生产园、湿地探索园、湿地休闲度假区和沂河休闲度假区各一处，进一步完善湿地水利风景区科普教育、观光旅游、休闲娱乐等服务设施的建设。

（一）基本情况

1. 调查范围

临沂市武河国家湿地公园，编码371311，调查范围湿地总面积946.67公顷，共一个湿地斑块，为河流湿地类中的永久性河流湿地型。

2. 地理位置

位于临沂市罗庄区境内，中心点坐标为北纬34°51′12″、东经118°20′15″。

（二）自然环境与水环境情况

1. 自然环境状况

临沂市武河国家湿地公园处于郯城庐江大断裂带中段，沂蒙山区冲积平原，地势呈槽状，地形由东北向西南缓倾，平均海拔54.16米，沙壤土；年平均气温13.6℃，变化范围－13.0～38.5℃，≥0℃年均积温4975，≥10℃年均积温4652；年平均降水量875.8毫米，变化范围566～1244毫米，主要集中在4～7月；年均蒸发量1693毫米。

2. 水环境状况

临沂市武河国家湿地公园调查区内水源补给状况以地表径流和大气降水为主，为永久性积水区，丰水位52.15米，平水位51.82米，枯水位51.57米，最大水深2.73米，平均水深0.82米，蓄水量260万米^3。

湿地公园调查区内水质在空间分布上呈现较强异质性，在不同区域水质差异较大，整体上水质现状较差，水质为Ⅲ～Ⅴ类。地表水 pH 为7.10，中性；矿化度值为0.7 克/升，为淡水；总氮含量为1.70 毫克/升，总磷含量为1.30 毫克/升，化学需氧量为19 毫克/升；透明度为0.4 米（水质调查期间为汛期），浑浊；富营养状况为富营养；水质等级为Ⅴ类；地下水 pH 为7.05，中性；矿化度为0.4 克/升，为淡水；水质等级为Ⅲ类。

调查发现公园内主要污染因子为上游工业污水和生活污水。

（三）湿地野生动物调查

1. 脊椎动物资源

主要鱼类有鲫鱼、鲤鱼、草鱼、鳙鱼、鲢鱼、鲶鱼、胡子鲶鱼、泥鳅、麦穗鱼、餐条、翘嘴鲌、银飘鱼、黄颡鱼、乌鳢、棒花鱼、中华鳑鲏、青鱼、赤眼鳟、刺鳅、黄鳝、鳜鱼等，主要鸟类有白骨顶、白鹭、白眼潜鸭、小䴙䴘、池鹭、青脚鹬、家燕、麻雀等，主要兽类草兔、褐家鼠、小家鼠、黑线姬鼠 、田鼠、黑线仓鼠、大仓鼠、社鼠、刺猬、麝鼹、蝙蝠、伏翼（家蝠），两栖类、爬行类动物有大蟾蜍、东方蟾蜍、花背蟾蜍、黑斑蛙、泽蛙、金线蛙、北方狭口蛙、丽斑麻蜥、山地麻蜥、壁虎 、鳖、乌龟、火赤链蛇、黄脊游蛇、虎斑游蛇、白条锦蛇、黑眉蝮蛇。

2. 无脊椎动物资源

主要有圆田螺、环棱螺、褶纹冠蚌、椎实螺、河无齿蚌、三角帆蚌、河蚬、钉螺、日本沼虾、秀丽白虾、青蟹。

（四）湿地植物群落调查

1. 植物调查

将湿地公园作为一个调查单元，采用样带和样点结合调查方法进行调查，共设置植物调查样方115 个。

2. 植物资源

本次调查结合历史资料，发现公园水生（湿生）植物计有106 种（变种）。

本次调查发现湿地植物的优势种有黑杨、水蓼（Polygonum hydropiper）、芦苇（Phragmintes communis）、菱（Trapa bisponosa）、穗花狐尾藻（Myriophyllum spicatum）、轮叶黑藻（Hydrilla verticillata）、金鱼藻（Ceratophyllum demersum）、喜旱莲子草（Alternanthera philoxeroides）、水鳖（Hydrocharis dubia）和稗（Echinochloa crusgalli）等，主要植物群系类型有黑杨群系、芦苇群系、菱群系、稗群系和香蒲群系等。

3. 植物群落

（1）湿地植被类型

参考《山东省湿地资源调查实施细则》中有关湿地植被分类系统原则，调查区内湿地植被可划分为3个湿地植被型组、6个湿地植被型、11个群系。

阔叶林湿地植被型组

Ⅰ 落叶阔叶林湿地植被型

黑杨群系（Form Populus nigra Linn.）

草丛湿地植被型组

Ⅰ 莎草型湿地植被型

苔草群系（Form Carex sp.）

Ⅱ 禾草型湿地植被型

芦苇群系（Form Phragmites communis）

稗群系（Form Echinochloa crusgalli）

Ⅲ 杂类草湿地植被型

狭叶香蒲群系（Form Typha angustifolia）

水蓼群系（Form Polygonum hydropiper）

喜旱莲子草群系（Form Alternanthera philoxeroides）

浅水植物湿地植被型组

Ⅰ 浮叶植被型

菱群系（Form Trapa bisponosa）

莲群系（Form Nelumbo nucifera）

Ⅱ 沉水植被型

黑藻群系（Form Hydrilla verticillata）

菹草群系（Form Potamogeton crispus）

（2）植物群系分布及特点

①苔草群系：分布于湖泊沿岸带或浅水区，常形成单优群落或纯群落，群落中常伴生稗、水蓼、喜旱莲子草、浮萍、紫萍等。

②芦苇群系：芦苇群系是湿地保护区中分布较广的植物群系，其高度在200厘米左右。常伴生菰、狭叶香蒲、水蓼和稗等挺水植物，以及浮萍、紫萍、凤眼莲等漂浮植物。

③稗群系：常分布于水陆交错区，群落优势种稗高度一般约为110厘米，稗盖度在70%左右，常伴生水蓼、喜旱莲子草、浮萍、紫萍等。

④狭叶香蒲群系：该群系在湿地区分布较广，常分布于沟渠、湖岸沿岸带和子湖边缘，其群落盖度约为60%，狭叶香蒲株高200厘米左右，常伴生莲、水蓼、喜旱莲子草、浮萍、紫萍等。

⑤水蓼群系：水蓼群系在区内十分常见，浅水水域、滩涂、沼泽等地都有分布。群落中常见其他植物种类有狗牙根、喜旱莲子草、浮萍、水鳖等。

⑥菱群系：常见分布于周边池塘，在敞水区和河流中也有分布，河流中分布面积较大，其群落总盖度87%，以菱为优势种，群落中菱平均株高达200厘米，常伴生水蓼、满江红、浮萍、紫萍、稗等。

⑦喜旱莲子草群系：该群系在湿地区分布较广，常见于池塘、沟渠和湖泊沿岸带，常形成植毡层漂浮于水面，群落边缘常见的其他伴生植物有水蓼、水鳖、浮萍、紫萍等。

⑧莲群系：莲群系在湿地区较为常见，多为水塘栽培植物群系，在湖区浅水区域也有零星分布。莲常大面积覆盖水面，盖度达90%以上，形成单一优势种群落，群落边缘常伴生粗梗水蕨、水蓼、浮萍、紫萍等植物。

（五）保护管理状况等

2010年12月24日获批为省级湿地公园后，2011年12月12日临沂市武河国家湿地公园正式通过审批，升格为国家级湿地公园。为正科级单位，主管部门为临沂市罗庄区政府。

（六）湿地功能与利用方式

本湿地主要作用为旅游休闲地。

（七）受威胁状况

主要受上游来水污染和过度捕捞威胁，级别轻微。

（八）土地所有权

国家所有。

（九）湿地主管部门和管理机构

主管部门为临沂市罗庄区政府，管理机构为临沂市武河国家湿地公园管理委员会。

三、临沂市沭河省级湿地公园

沭河是淮河流域贯穿鲁南苏北的大型山洪河道之一，发源于沂水县沙沟镇沂山南麓，与沂河流域平行南下，流经沂水、莒县、莒南、河东、临沭、东海、郯城、新沂等县区，全长320千米。临沭县位于沭河中游，境内沭河长度69千米。临沭境内的沭河河道宽阔通畅，清波粼粼，两岸群山叠翠，山呼水应，河上百鸟翔集，水光鸟影，相映成趣，形成一派独特的湿地景观。

山东沭河国家湿地公园规划区位于山东省临沂市临沭县，规划区北起沭河与分沂入沭工程的交汇处，分东南和西南两支，东南沿新沭河至大兴桥，西南沿老沭河至临沭县界，包括临沭县境内的沭河、新沭河、老沭河、沭河故道的主河道、漫滩，以及周边部分山体、水库、鱼塘、堤坝等。规划区涉及曹庄镇、石门镇、店头镇和大兴镇四个镇，地理坐标为东经118°29′04″~118°42′21″、北纬34°43′00″~34°48′48″。规划区内河道长29.23千米，规划总面积1312公顷，其中湿地面积8.56千米，湿地率65%。2011年12月，山东省林业局批准山东沭河省级湿地公园建设。

（一）基本情况

1. 调查范围

临沂市沭河省级湿地公园，编码371329，调查时间为2012年8月17~19日，调查范围湿地总面积659.79公顷，共一个湿地斑块，为河流湿地类中的永久性河流湿地型。

2. 地理位置

位于临沂市临沭县境内，中心点坐标为北纬34°46′38″、东经118°34′40″。

（二）自然环境与水环境情况

1. 自然环境状况

临沂市沭河省级湿地公园为沭河冲积平原，平均海拔51.72米，沙壤土；年平均气温13℃，变化范围-20.7~39.4℃，≥0℃年均积温4851，≥10℃年均积温4345；年平均降水量851.8毫米，变化范围526.16~1321.8毫米，主要集中在4~7月；年均蒸发量1605.4毫米。

2. 水环境状况

临沂市沭河省级湿地公园调查区内水源补给状况以地表径流和大气降水为主，

为永久性积水区，丰水位63.72米，平水位56.12米，枯水位51.72米，最大水深12米，平均水深1.5米，蓄水量1284万米^3。

湿地公园调查区内水质在空间分布上呈现较强异质性，在不同区域水质差异较大，整体上水质现状较差，水质为Ⅲ类。地表水pH为7.21，中性；矿化度值为0.34克/升，为淡水；总氮含量为1.22毫克/升，总磷含量为0.12毫克/升，化学需氧量为16.5毫克/升；透明度为2.5米（水质调查期间为汛期），浑浊；富营养状况为贫营养；水质等级为ⅢV类；地下水pH为7.11，中性；矿化度为0.25克/升，为淡水；水质等级为Ⅲ类。

调查发现公园内主要污染因子为生活污水和养殖。

（三）湿地野生动物调查

1. 脊椎动物资源

主要鱼类有鲫鱼、鲤鱼、草鱼、鳙鱼、鲢鱼、鲶鱼、胡子鲶鱼、泥鳅、麦穗鱼、餐条、翘嘴鲌、银飘鱼、黄颡鱼、乌鳢、棒花鱼、中华鳑鲏、青鱼、赤眼鳟、刺鳅、黄鳝、鳜鱼等，主要鸟类有白骨顶、白鹭、白眼潜鸭、小鹡鹛、池鹭、青脚鹬、家燕、麻雀等，主要兽类草兔、褐家鼠、小家鼠、黑线姬鼠 、田鼠、黑线仓鼠、大仓鼠、社鼠、刺猬、麝鼹、蝙蝠、伏翼（家蝠），两栖类、爬行类动物有大蟾蜍、东方蟾蜍、花背蟾蜍、黑斑蛙、泽蛙、金线蛙、北方狭口蛙、丽斑麻蜥、山地麻蜥、壁虎 、鳖、乌龟、火赤链蛇、黄脊游蛇、虎斑游蛇、白条锦蛇、黑眉蝮蛇。

2. 无脊椎动物资源

主要有圆田螺、环棱螺、褶纹冠蚌、椎实螺、河无齿蚌、三角帆蚌、河蚬、钉螺、日本沼虾、秀丽白虾、青蟹。

（四）湿地植物群落调查

1. 植物调查

将沭河省级湿地公园作为一个调查单元，采用样带和样点结合调查方法进行调查，共设置植物调查样方115个。

2. 植物资源

本次调查结合历史资料，发现公园水生（湿生）植物计有129种（变种）。

本次调查发现湿地植物的优势种有黑杨（Populus nigra Linn.）、水蓼（Polygonum hydropiper）、芦苇（Phragmintes communis）、菱（Trapa bisponosa）、穗花狐尾

藻（Myriophyllum spicatum）、轮叶黑藻（Hydrilla verticillata）、金鱼藻（Ceratophyllum demersum）、喜旱莲子草（Alternanthera philoxeroides）、水鳖（Hydrocharis dubia）和稗（Echinochloa crusgalli）等，主要植物群系类型有黑杨群系、芦苇群系、稗群系和香蒲群系等。

3. 植物群落

（1）湿地植被类型

参考《山东省湿地资源调查实施细则》中有关湿地植被分类系统原则，调查区内湿地植被可划分为3个湿地植被型组、6个湿地植被型、11个群系。

阔叶林湿地植被型组

Ⅰ 落叶阔叶林湿地植被型

黑杨群系（Form Populus nigra Linn.）

草丛湿地植被型组

Ⅰ 莎草型湿地植被型

苔草群系（Form Carex sp.）

Ⅱ 禾草型湿地植被型

芦苇群系（Form Phragmites communis）

稗群系（Form Echinochloa crusgalli）

Ⅲ 杂类草湿地植被型

狭叶香蒲群系（Form Typha angustifolia）

水蓼群系（Form Polygonum hydropiper）

喜旱莲子草群系（Form Alternanthera philoxeroides）

浅水植物湿地植被型组

Ⅰ 浮叶植被型

菱群系（Form Trapa bisponosa）

莲群系（Form Nelumbo nucifera）

Ⅱ 沉水植被型

黑藻群系（Form Hydrilla verticillata）

菹草群系（Form Potamogeton crispus）

（2）植物群系分布及特点

①苔草群系：分布于湖泊沿岸带或浅水区，常形成单优群落或纯群落，群落

中常伴生稗、水蓼、喜旱莲子草、浮萍、紫萍等。

②芦苇群系：芦苇群系是湿地保护区中分布较广的植物群系，其高度在200厘米左右。常伴生菰、狭叶香蒲、水蓼和稗等挺水植物，以及浮萍、紫萍、凤眼莲等漂浮植物。

③稗群系：常分布于水陆交错区，群落优势种稗高度一般约为110厘米，稗盖度在70%左右，常伴生水蓼、喜旱莲子草、浮萍、紫萍等。

④狭叶香蒲群系：该群系在湿地区分布较广，常分布于沟渠、湖岸沿岸带和子湖边缘，其群落盖度约为60%，狭叶香蒲株高200厘米左右，常伴生莲、水蓼、喜旱莲子草、浮萍、紫萍等。

⑤水蓼群系：水蓼群系在此区十分常见，浅水水域、滩涂、沼泽等地都有分布。群落中常见其他植物种类有狗牙根、喜旱莲子草、浮萍、水鳖等。

⑥菱群系：常见分布于周边池塘，在敞水区和河流中也有分布，河流中分布面积较大，其群落总盖度87%，以菱为优势种，群落中菱平均株高达200厘米，常伴生水蓼、满江红、浮萍、紫萍、稗等。

⑦喜旱莲子草群系：该群系在湿地区分布较广，常见于池塘、沟渠和湖泊沿岸带，常形成植毡层漂浮于水面，群落边缘常见的其他伴生植物有水蓼、水鳖、浮萍、紫萍等。

⑧莲群系：莲群系在湿地区较为常见，多为水塘栽培植物群系，在湖区浅水区域也有零星分布。莲常大面积覆盖水面，盖度达90%以上，形成单一优势种群落，群落边缘常伴生粗梗水蕨、水蓼、浮萍、紫萍等植物。

（五）保护管理状况等

2011年12月14日获批为省级湿地公园，主管部门为临沂市临沭县政府。

（六）湿地功能与利用方式

本湿地主要作用为旅游休闲地。

（七）受威胁状况

主要受上游来水污染和过度捕捞威胁，级别轻微。

（八）土地所有权

国家所有。

（九）湿地主管部门和管理机构

主管部门为临沂市临沭县政府，管理机构为临沂市沭河省级湿地公园管理委员会。

四、临沂市岸堤水库湿地区

临沂市堤水库为山东省第二大水库，库岸线长 80 多千米，常年水面保持在 6 万亩左右，最多时可达 8 万～10 万亩。水库大坝长 1665 米，大坝高 29.8 米。岸堤水库以其 7.49 亿米^3 的总库容，控制流域面积 1693 千米^2，在拦洪泄洪中发挥了巨大的作用，为确保沂沭河中下游人民生命财产安全奠定了基础。建库 50 年，拦洪 50 年，开闸削洪、调洪协调进行，共调泄洪水 200 亿米^3，削减洪峰 90% 以上，有效地控制了洪水，使沂河下游人民免受洪水之灾。

（一）基本情况

1. 调查范围

临沂市岸堤水库湿地区，编码 371328，调查时间为 2012 年 8 月 11～13 日，调查范围湿地总面积 4628.81 公顷，共一个湿地斑块，为人工湿地类中的库塘湿地型。

2. 地理位置

位于临沂市蒙阴县境内，中心点坐标为北纬 35°40′42″、东经 118°4′29″。

（二）自然环境与水环境情况

1. 自然环境状况

临沂市岸堤水库湿地区位于沂河支流东汶河与梓河的交汇处，沂蒙山腹地，为低山区，平均海拔 182.98 米，棕壤、褐土；年平均气温 12.8℃，≥0℃年均积温 2508，≥10℃年均积温 2010；年平均降水量 782.4 毫米，变化范围 266.6～1282 毫米，主要集中在 4～7 月；年均蒸发量 1753.7 毫米。

2. 水环境状况

临沂市岸堤水库湿地区调查区内水源补给状况以地表径流和大气降水为主，为永久性积水区，丰水位 176 米，平水位 171.15 米，枯水位 161.48 米，最大水深 23 米，平均水深 12 米，蓄水量 74900 万米^3。

湿地公园调查区内水质在空间分布上呈现较强异质性，在不同区域水质差异较大，整体上水质现状较好，水质为Ⅱ类。地表水 pH 为 7.16，中性；矿化度值为 0.12 克/升，为淡水；总氮含量为 0.317 毫克/升，总磷含量为 0.027 毫克/升，化学需氧量为 13.38 毫克/升；透明度为 1.73 米（水质调查期间为汛期），浑浊；富营养状况为中营养；水质等级为Ⅱ类；地下水 pH 为7.1，中性；矿化度为0.52 克/升，为淡水；水质等级为Ⅱ类。

调查发现内主要污染因子为生活污水和养殖。

（三）湿地野生动物调查

1. 脊椎动物资源

主要鱼类有鲫鱼、鲤鱼、草鱼、鳙鱼、鲢鱼、鲶鱼、胡子鲶鱼、泥鳅、麦穗鱼、餐条、翘嘴鲌、银飘鱼、黄颡鱼、乌鳢、棒花鱼、中华鳑鲏、青鱼、赤眼鳟、刺鳅、黄鳝、鳜鱼等，主要鸟类有白骨顶、白鹭、白眼潜鸭、小鸊鷉、池鹭、青脚鹬、家燕、麻雀等，主要兽类草兔、褐家鼠、小家鼠、黑线姬鼠 、田鼠、黑线仓鼠、大仓鼠、社鼠、刺猬、麝鼹、蝙蝠、伏翼（家蝠），两栖类、爬行类动物有大蟾蜍、东方蟾蜍、花背蟾蜍、黑斑蛙、泽蛙、金线蛙、北方狭口蛙、丽斑麻蜥、山地麻蜥、壁虎 、鳖、乌龟、火赤链蛇、黄脊游蛇、虎斑游蛇、白条锦蛇、黑眉腹蛇。

2. 无脊椎动物资源

主要有圆田螺、环棱螺、褶纹冠蚌、椎实螺、河无齿蚌、三角帆蚌、河蚬、钉螺、日本沼虾、秀丽白虾、青蟹。

（四）湿地植物群落调查

1. 植物调查

将调查区作为一个调查单元，采用样带和样点结合调查方法进行调查，共设置植物调查样方 115 个。

2. 植物资源

本次调查结合历史资料，发现公园水生（湿生）植物计有 113 种（变种）。

本次调查发现湿地植物的优势种有黑杨（Populus nigra Linn.）、水蓼（Polygonum hydropiper）、芦苇（Phragmintes communis）、菱（Trapa bisponosa）、穗花狐尾藻（Myriophyllum spicatum）、轮叶黑藻（Hydrilla verticillata）、金鱼藻（Ceratophyllum demersum）、喜旱莲子草（Alternanthera philoxeroides）、水鳖（Hydrocharis dubia）和稗（Echinochloa crusgalli）等，主要植物群系类型有黑杨群系、芦苇群系、稗群系和香蒲群系等。

3. 植物群落

（1）湿地植被类型

参考《山东省湿地资源调查实施细则》中有关湿地植被分类系统原则，调查区内湿地植被可划分为3个湿地植被型组、6个湿地植被型、11个群系。

阔叶林湿地植被型组

Ⅰ 落叶阔叶林湿地植被型

黑杨群系（Form Populus nigra Linn.）

草丛湿地植被型组

Ⅰ 莎草型湿地植被型

苔草群系（Form Carex sp.）

Ⅱ 禾草型湿地植被型

芦苇群系（Form Phragmites communis）

稗群系（Form Echinochloa crusgalli）

Ⅲ 杂类草湿地植被型

狭叶香蒲群系（Form Typha angustifolia）

水蓼群系（Form Polygonum hydropiper）

喜旱莲子草群系（Form Alternanthera philoxeroides）

浅水植物湿地植被型组

Ⅰ 浮叶植被型

菱群系（Form Trapa bisponosa）

莲群系（Form Nelumbo nucifera）

Ⅱ 沉水植被型

黑藻群系（Form Hydrilla verticillata）

菹草群系（Form Potamogeton crispus）

（2）植物群系分布及特点

①苔草群系：分布于湖泊沿岸带或浅水区，常形成单优群落或纯群落，群落中常伴生稗、水蓼、喜旱莲子草、浮萍、紫萍等。

②芦苇群系：芦苇群系是湿地保护区中分布较广的植物群系，其高度在200厘米左右。常伴生菰、狭叶香蒲、水蓼和稗等挺水植物，以及浮萍、紫萍、凤眼莲等漂浮植物。

③稗群系：常分布于水陆交错区，群落优势种稗高度一般约为110厘米，稗盖度在70%左右，常伴生水蓼、喜旱莲子草、浮萍、紫萍等。

④狭叶香蒲群系：该群系在湿地区分布较广，常分布于沟渠、湖岸沿岸带和

子湖边缘，其群落盖度约为60%，狭叶香蒲株高200厘米左右，常伴生莲、水蓼、喜旱莲子草、浮萍、紫萍等。

⑤水蓼群系：水蓼群系在此区十分常见，浅水水域、滩涂、沼泽等地都有分布。群落中常见其他植物种类有狗牙根、喜旱莲子草、浮萍、水鳖等。

⑥菱群系：常见分布于周边池塘，在敞水区和河流中也有分布，河流中分布面积较大，其群落总盖度87%，以菱为优势种，群落中菱平均株高达200厘米，常伴生水蓼、满江红、浮萍、紫萍、稗等。

⑦喜旱莲子草群系：该群系在湿地区分布较广，常见于池塘、沟渠和湖泊沿岸带，常形成植毡层漂浮于水面，群落边缘常见的其他伴生植物有水蓼、水鳖、浮萍、紫萍等。

⑧莲群系：莲群系在湿地区较为常见，多为水塘栽培植物群系，在湖区浅水区域也有零星分布。莲常大面积覆盖水面，盖度达90%以上，形成单一优势种群落，群落边缘常伴生粗梗水蕨、水蓼、浮萍、紫萍等植物。

（五）保护管理状况等

水源保护地，主管部门为临沂市政府。

（六）湿地功能与利用方式

本湿地主要作用为水源地。

（七）受威胁状况

主要受上游来水污染和过度捕捞威胁，级别轻微。

（八）土地所有权

国家所有。

（九）湿地主管部门和管理机构

主管部门为临沂临沭县政府，管理机构为临沂市岸堤水库管理委员会。

五、临沂市跋山水库湿地区

跋山水库位于山东省沂水县城西北15千米，水库最宽处1200米，总库容5.2亿米^3，为山东省第三大水库，被誉为“沂蒙母亲湖”。跋山水库位于淮河流域沂河干流上，坝址在沂水县城西北17.5千米的跋山脚下、沂河与支流暖阳河汇流处。大坝西起无儿崮下的白腊顶，横跨沂河与跋山相接。库区西北与韩旺铁矿相接，北面与大诸葛为邻。控制流域面积1782千米^2。库区地处山区丘陵，群山起伏，沟壑纵横。大坝呈弓形，全长1780米，坝轴线为东北—西南。

跋山水库于1959年10月动工兴建，1960年5月建成蓄水，后经1968年和1977～1979年两次加高至最大坝高33.65米，最大水域面积1799公顷，兴利库容2.67亿米^3，总库容5.28亿米^3。控制流域面积1782千米^2，位居全省第三。集防洪灌溉、水力发电、淡水养殖、旅游等综合利用。水库枢纽工程主要包括大坝、溢洪闸、东西浆砌石坝、放水洞、电站等。建库以来，先后进行了4次续建加固，其中1998～2001年投资12960万元进行了全面除险加固。保护着下游山东、江苏两省境内9个县市（区）150万人，210万亩耕地，兖石、陇海、青沂铁路，京沪、日东高速公路等国家和人民群众生命财产安全。

（一）基本情况

1. 调查范围

临沂市跋山水库湿地区，编码371323，调查时间为2012年8月2～4日，调查范围湿地总面积2896.99公顷，共一个湿地斑块，为人工湿地类中的库塘湿地型。

2. 地理位置

位于临沂市沂水县境内，中心点坐标为北纬35°54′34″、东经118°31′22″。

（二）自然环境与水环境情况

1. 自然环境状况

临沂市跋山水库湿地区处于沂河沂水段，沂蒙山腹地，为低山区，平均海拔185.38米，沙壤土；年平均气温12.3℃，变化范围－11.8～25.7℃，≥0℃年均积温4563，≥10℃年均积温4394；年平均降水量743.4毫米，变化范围377.7～1121.1毫米，主要集中在4～7月，年均蒸发量1217毫米。

2. 水环境状况

临沂市跋山水库湿地区调查区内水源补给状况以地表径流和大气降水为主，为永久性积水区，丰水位178.5米，平水位166.5米，枯水位156.5米，最大水深22米，平均水深10米，蓄水量52900万米^3。

湿地公园调查区内水质在空间分布上呈现较强异质性，在不同区域水质差异较大，整体上水质现状较好，水质为Ⅱ类。地表水pH为7.24，中性；矿化度值为0.26克/升，为淡水；总氮含量为0.424毫克/升，总磷含量为0.024毫克/升，化学需氧量为12毫克/升；透明度为2～6米（水质调查期间为汛期），浑浊；富营养状况为贫营养；水质等级为Ⅱ类；地下水 pH 为 7.16，中性；矿化度为 0.23 克/升，为淡水；水质等级为Ⅱ类。

调查发现内主要污染因子为生活污水和养殖。

（三）湿地野生动物调查

1. 脊椎动物资源

主要鱼类有鲫鱼、鲤鱼、草鱼、鳙鱼、鲢鱼、鲶鱼、胡子鲶鱼、泥鳅、麦穗鱼、餐条、翘嘴鲌、银飘鱼、黄颡鱼、乌鳢、棒花鱼、中华鳑鲏、青鱼、赤眼鳟、刺鳅、黄鳝、鳜鱼等，主要鸟类有白骨顶、白鹭、白眼潜鸭、小鸊鷉、池鹭、青脚鹬、家燕、麻雀等，主要兽类草兔、褐家鼠、小家鼠、黑线姬鼠 、田鼠、黑线仓鼠、大仓鼠、社鼠、刺猬、麝鼹、蝙蝠、伏翼（家蝠），两栖类、爬行类动物有大蟾蜍、东方蟾蜍、花背蟾蜍、黑斑蛙、泽蛙、金线蛙、北方狭口蛙、丽斑麻蜥、山地麻蜥、壁虎 、鳖、乌龟、火赤链蛇、黄脊游蛇、虎斑游蛇、白条锦蛇、黑眉蝮蛇。

2. 无脊椎动物资源

主要有圆田螺、环棱螺、褶纹冠蚌、椎实螺、河无齿蚌、三角帆蚌、河蚬、钉螺、日本沼虾、秀丽白虾、青蟹。

（四）湿地植物群落调查

1. 植物调查

将调查区作为一个调查单元，采用样带和样点结合调查方法进行调查，共设置植物调查样方 75 个。

2. 植物资源

本次调查结合历史资料，发现公园水生（湿生）植物计有 118 种（变种）。

本次调查发现湿地植物的优势种有黑杨（Populus nigra Linn.）、水蓼（Polygonum hydropiper）、芦苇（Phragmintes communis）、菱（Trapa bisponosa）、穗花狐尾藻（Myriophyllum spicatum）、轮叶黑藻（Hydrilla verticillata）、金鱼藻（Ceratophyllum demersum）、喜旱莲子草（Alternanthera philoxeroides）、水鳖（Hydrocharis dubia）和稗（Echinochloa crusgalli）等，主要植物群系类型有黑杨群系、芦苇群系、稗群系和香蒲群系等。

3. 植物群落

（1）湿地植被类型

参考《山东省湿地资源调查实施细则》中有关湿地植被分类系统原则，调查区内湿地植被可划分为3个湿地植被型组、6个湿地植被型、11个群系：

阔叶林湿地植被型组

Ⅰ 落叶阔叶林湿地植被型

黑杨群系（Form Populus nigra Linn.）

草丛湿地植被型组

Ⅰ 莎草型湿地植被型

苔草群系（Form Carex sp.）

Ⅱ 禾草型湿地植被型

芦苇群系（Form Phragmites communis）

稗群系（Form Echinochloa crusgalli）

Ⅲ 杂类草湿地植被型

狭叶香蒲群系（Form Typha angustifolia）

水蓼群系（Form Polygonum hydropiper）

喜旱莲子草群系（Form Alternanthera philoxeroides）

浅水植物湿地植被型组

Ⅰ 浮叶植被型

菱群系（Form Trapa bisponosa）

莲群系（Form Nelumbo nucifera）

Ⅱ 沉水植被型

黑藻群系（Form Hydrilla verticillata）

菹草群系（Form Potamogeton crispus）

（2）植物群系分布及特点

①苔草群系：分布于湖泊沿岸带或浅水区，常形成单优群落或纯群落，群落中常伴生稗、水蓼、喜旱莲子草、浮萍、紫萍等。

②芦苇群系：芦苇群系是湿地保护区中分布较广的植物群系，其高度在200厘米左右。常伴生菰、狭叶香蒲、水蓼和稗等挺水植物，以及浮萍、紫萍、凤眼莲等漂浮植物。

③稗群系：常分布于水陆交错区，群落优势种稗高度一般约为110厘米，稗盖度在70%左右，常伴生水蓼、喜旱莲子草、浮萍、紫萍等。

④狭叶香蒲群系：该群系在湿地区分布较广，常分布于沟渠、湖岸沿岸带和

子湖边缘，其群落盖度约为60%，狭叶香蒲株高200厘米左右，常伴生莲、水蓼、喜旱莲子草、浮萍、紫萍等。

⑤水蓼群系：水蓼群系在此区十分常见，浅水水域、滩涂、沼泽等地都有分布。群落中常见其他植物种类有狗牙根、喜旱莲子草、浮萍、水鳖等。

⑥菱群系：常见分布于周边池塘，在敞水区和河流中也有分布，河流中分布面积较大，其群落总盖度87%，以菱为优势种，群落中菱平均株高达200厘米，常伴生水蓼、满江红、浮萍、紫萍、稗等。

⑦喜旱莲子草群系：该群系在湿地区分布较广，常见于池塘、沟渠和湖泊沿岸带，常形成植毡层漂浮于水面，群落边缘常见的其他伴生植物有水蓼、水鳖、浮萍、紫萍等。

⑧莲群系：莲群系在湿地区较为常见，多为水塘栽培植物群系，在湖区浅水区域也有零星分布。莲常大面积覆盖水面，盖度达90%以上，形成单一优势种群落，群落边缘常伴生粗梗水蕨、水蓼、浮萍、紫萍等植物。

（五）保护管理状况等

未采取保护措施，主管部门为临沂市政府。

（六）湿地功能与利用方式

本湿地主要作用为水利灌溉。

（七）受威胁状况

主要受上游来水污染和过度捕捞威胁，级别轻微。

（八）土地所有权

国家所有。

（九）湿地主管部门和管理机构

主管部门为临沂市政府，管理机构为临沂市跋山水库管理委员会。

六、临沂市会宝岭水库

会宝岭水库位于淮河水系中运河支流西泇河上游，坝址坐落在山东省苍山县城西北部25千米尚岩、下村、鲁城三乡镇交界处的会宝岭村附近。它是由南北两库中间有连通沟连接的连环库，水库流域面积420千米^2，总库容2.09亿米^3，兴利库容1.21亿米^3，是一座以防洪、灌溉为主结合发电、养殖、工业供水等多年调节的大二型水库。

（一）基本情况

1. 调查范围

临沂市会宝岭水库，编码371324，调查时间为2012年8月8～10日，调查范围湿地总面积1781.32公顷，共一个湿地斑块，为人工湿地类中的库塘湿地型。

2. 地理位置

位于临沂市苍山县境内，中心点坐标为北纬34°53′39″、东经117°48′16″。

（二）自然环境与水环境情况

1. 自然环境状况

临沂市会宝岭水库湿地区位于西洳河上游，丘陵区，平均海拔65.61米，棕壤土；年平均气温13.5℃，变化范围－24.9～40.7℃，≥0℃年均积温235，≥10℃年均积温209；年平均降水量896毫米，变化范围1314.2～516.6毫米，主要集中在4～7月；年均蒸发量1518.8毫米。

2. 水环境状况

临沂市会宝岭水库湿地区调查区内水源补给状况以地表径流和大气降水为主，为永久性积水区，丰水位75.4米，平水位72.2米，枯水位70.89米，最大水深20米，平均水深7米，蓄水量13063万米^3。

湿地调查区内水质在空间分布上呈现较强异质性，在不同区域水质差异较大，整体上水质现状较差，水质为Ⅳ类。地表水pH为7.0，中性；矿化度值为0.35克/升，为淡水；总氮含量为5.78毫克/升，总磷含量为0.2毫克/升，化学需氧量为20毫克/升；透明度为2米（水质调查期间为汛期），浑浊；富营养状况为富营养；水质等级为Ⅳ类；地下水pH为7，中性；矿化度为0.25克/升，为淡水；水质等级为Ⅲ类。

调查发现区内主要污染因子为网箱养殖。

（三）湿地野生动物调查

1. 脊椎动物资源

主要鱼类有鲫鱼、鲤鱼、草鱼、鳙鱼、鲢鱼、鲶鱼、胡子鲶鱼、泥鳅、麦穗鱼、餐条、翘嘴鲌、银飘鱼、黄颡鱼、乌鳢、棒花鱼、中华鳑鲏、青鱼、赤眼鳟、刺鳅、黄鳝、鳜鱼等，主要鸟类有白骨顶、白鹭、白眼潜鸭、小䴙䴘、池鹭、青脚鹬、家燕、麻雀等，主要兽类草兔、褐家鼠、小家鼠、黑线姬鼠 、田鼠、黑线仓鼠、大仓鼠、社鼠、刺猬、麝鼹、蝙蝠、伏翼（家蝠），两栖类、爬行类动物有大蟾蜍、东方蟾蜍、花背蟾蜍、黑斑蛙、泽蛙、金线蛙、北方狭口蛙、丽斑麻蜥、山地麻蜥、壁虎 、鳖、乌龟、火赤链蛇、黄脊游蛇、虎斑游蛇、白条锦蛇、黑眉蝮蛇。

2. 无脊椎动物资源

主要有圆田螺、环棱螺、褶纹冠蚌、椎实螺、河无齿蚌、三角帆蚌、河蚬、钉螺、日本沼虾、秀丽白虾、青蟹。

（四）湿地植物群落调查

1. 植物调查

将调查区作为一个调查单元，采用样带和样点结合调查方法进行调查，共设置植物调查样方 75 个。

2. 植物资源

本次调查结合历史资料，发现公园水生（湿生）植物计有 116 种（变种）。

本次调查发现湿地植物的优势种有黑杨（Populus nigra Linn. ）、水蓼（Polygonum hydropiper）、芦苇（Phragmintes communis）、菱（Trapa bisponosa）、穗花狐尾藻（Myriophyllum spicatum）、轮叶黑藻（Hydrilla verticillata）、金鱼藻（Ceratophyllum demersum）、喜旱莲子草（Alternanthera philoxeroides）、水鳖（Hydrocharis dubia）和稗（Echinochloa crusgalli）等，主要植物群系类型有黑杨群系、芦苇群系、稗群系和香蒲群系等。

3. 植物群落

（1）湿地植被类型

参考《山东省湿地资源调查实施细则》中有关湿地植被分类系统原则，调查区内湿地植被可划分为 3 个湿地植被型组、6 个湿地植被型、11 个群系：

阔叶林湿地植被型组

Ⅰ 落叶阔叶林湿地植被型

黑杨群系（Form Populus nigra Linn. ）

草丛湿地植被型组

Ⅰ 莎草型湿地植被型

苔草群系（Form Carex sp. ）

Ⅱ 禾草型湿地植被型

芦苇群系（Form Phragmites communis）

稗群系（Form Echinochloa crusgalli）

Ⅲ 杂类草湿地植被型

狭叶香蒲群系（Form Typha angustifolia）

水蓼群系（Form Polygonum hydropiper）

喜旱莲子草群系（Form Alternanthera philoxeroides）

浅水植物湿地植被型组

Ⅰ 浮叶植被型

菱群系（Form Trapa bisponosa）

莲群系（Form Nelumbo nucifera）

Ⅱ 沉水植被型

黑藻群系（Form Hydrilla verticillata）

菹草群系（Form Potamogeton crispus）

（2）植物群系分布及特点

①苔草群系：分布于湖泊沿岸带或浅水区，常形成单优群落或纯群落，群落中常伴生稗、水蓼、喜旱莲子草、浮萍、紫萍等。

②芦苇群系：芦苇群系是湿地保护区中分布较广的植物群系，其高度在200厘米左右。常伴生菰、狭叶香蒲、水蓼和稗等挺水植物，以及浮萍、紫萍、凤眼莲等漂浮植物。

③稗群系：常分布于水陆交错区，群落优势种稗高度一般约为110厘米，稗盖度在70%左右，常伴生水蓼、喜旱莲子草、浮萍、紫萍等。

④狭叶香蒲群系：该群系在湿地区分布较广，常分布于沟渠、湖岸沿岸带和子湖边缘，其群落盖度约为60%，狭叶香蒲株高200厘米左右，常伴生莲、水蓼、喜旱莲子草、浮萍、紫萍等。

⑤水蓼群系：水蓼群系在此区十分常见，浅水水域、滩涂、沼泽等地都有分布。群落中常见其他植物种类有狗牙根、喜旱莲子草、浮萍、水鳖等。

⑥菱群系：常见分布于周边池塘，在敞水区和河流中也有分布，河流中分布面积较大，其群落总盖度87%，以菱为优势种，群落中菱平均株高达200厘米，常伴生水蓼、满江红、浮萍、紫萍、稗等。

⑦喜旱莲子草群系：该群系在湿地区分布较广，常见于池塘、沟渠和湖泊沿岸带，常形成植毡层漂浮于水面，群落边缘常见的其他伴生植物有水蓼、水鳖、

浮萍、紫萍等。

⑧莲群系：莲群系在湿地区较为常见，多为水塘栽培植物群系，在湖区浅水区域也有零星分布。莲常大面积覆盖水面，盖度达90%以上，形成单一优势种群落，群落边缘常伴生粗梗水蕨、水蓼、浮萍、紫萍等植物。

（五）保护管理状况等

未采取保护措施，主管部门为临沂市政府。

（六）湿地功能与利用方式

本湿地主要作用为水利、养殖。

（七）受威胁状况

主要受过度养殖和捕捞威胁。

（八）土地所有权

国家所有。

（九）湿地主管部门和管理机构

主管部门为临沂市政府，管理机构为临沂市会宝岭水库管理委员会。

七、临沂市沂河湿地

沂河是淮河流域泗沂沭水系中的较大河流，位于山东省南部与江苏省北部，为古淮河支流泗水的支流。源出山东省沂源县田庄水库上源东支牛角山北麓（另传统称源出鲁山），北流过沂源县城后折向南，经沂水、沂南、临沂、蒙阴、平邑、郯城等县、市，至江苏省邳县吴楼村入新沂河，抵燕尾港入黄海，全长500余千米，流域面积1.16万千米^2。

（一）基本情况

1. 调查范围

临沂市沂河湿地主要分为三块：沂水段跋山水库上游、沂水段跋山水库下游，编码371323；沂南苏村段，编码371321。调查时间为2012年7月30日至8月13日，调查范围湿地总面积1203.74公顷，共3个湿地斑块，为河流湿地类中的永久性河流湿地型。

2. 地理位置

位于临沂市沂水和沂南县境内，沂水段跋山水库上游中心点坐标为北纬35°58′0″、东经118°25′46″，沂水段跋山水库下游中心点坐标为北纬35°46′30″、东经118°35′20″，沂南苏村段中心点坐标为北纬35°38′17″、东经118°33′14″。

（二）自然环境与水环境情况

1. 自然环境状况

临沂市沂河湿地位于西迦河上游，丘陵区，平均海拔180米，沙壤土；年平均气温12.3℃，变化范围－1.8～25.7℃，≥0℃年均积温4563.6，≥10℃年均积温4394.6；年平均降水量743.4毫米，变化范围377.7～1121.1毫米，主要集中在4～7月；年均蒸发量1518.8毫米。

2. 水环境状况

临沂市沂河湿地调查区内水源补给状况以地表径流和大气降水为主，为永久性积水区，平均水深1.5米，蓄水量13063万米^3。

湿地公园调查区内水质在空间分布上呈现较强异质性，在不同区域水质差异较大，整体上水质现状较差，水质为Ⅲ－Ⅳ类。地表水pH为7.0，中性；矿化度值为0.35克/升，为淡水；总氮含量为5.78毫克/升，总磷含量为0.2毫克/升，化学需氧量为20毫克/升；透明度为2米（水质调查期间为汛期），浑浊；富营养状况为富营养；水质等级为IV类；地下水pH为7，中性；矿化度为0.25克/升，为淡水；水质等级为III类。

调查发现区内主要污染因子为网箱养殖。

（三）湿地野生动物调查

1. 脊椎动物资源

主要鱼类有鲫鱼、鲤鱼、草鱼、鳙鱼、鲢鱼、鲶鱼、胡子鲶鱼、泥鳅、麦穗鱼、餐条、翘嘴鲌、银飘鱼、黄颡鱼、乌鳢、棒花鱼、中华鳑鲏、青鱼、赤眼鳟、刺鳅、黄鳝、鳜鱼等，主要鸟类有白骨顶、白鹭、白眼潜鸭、小鸊鷉、池鹭、青脚鹬、家燕、麻雀等，主要兽类有草兔、褐家鼠、小家鼠、黑线姬鼠 、田鼠、黑线仓鼠、大仓鼠、社鼠、刺猬、麝鼹、蝙蝠、伏翼（家蝠），两栖类、爬行类动物有大蟾蜍、东方蟾蜍、花背蟾蜍、黑斑蛙、泽蛙、金线蛙、北方狭口蛙、丽斑麻蜥、山地麻蜥、壁虎 、鳖、乌龟、火赤链蛇、黄脊游蛇、虎斑游蛇、白条锦蛇、黑眉蝮蛇。

2. 无脊椎动物资源

主要有圆田螺、环棱螺、褶纹冠蚌、椎实螺、河无齿蚌、三角帆蚌、河蚬、钉螺、日本沼虾、秀丽白虾、青蟹。

（四）湿地植物群落调查

1. 植物调查

将调查区作为三个调查单元，采用样带和样点结合调查方法进行调查，共设置植物调查样方215个。

2. 植物资源

本次调查结合历史资料，发现公园水生（湿生）植物计有136种（变种）。

本次调查发现湿地植物的优势种有黑杨（Populus nigra Linn.）、水蓼（Polygonum hydropiper）、芦苇（Phragmintes communis）、菱（Trapa bisponosa）、穗花狐尾藻（Myriophyllum spicatum）、轮叶黑藻（Hydrilla verticillata）、金鱼藻（Ceratophyllum demersum）、喜旱莲子草（Alternanthera philoxeroides）、水鳖（Hydrocharis dubia）和稗（Echinochloa crusgalli）等，主要植物群系类型有黑杨群系、芦苇群系、稗群系和香蒲群系等。

3. 植物群落

（1）湿地植被类型

参考《山东省湿地资源调查实施细则》中有关湿地植被分类系统原则，调查区内湿地植被可划分为3个湿地植被型组、6个湿地植被型、11个群系：

阔叶林湿地植被型组

Ⅰ 落叶阔叶林湿地植被型

黑杨群系（Form Populus nigra Linn.）

草丛湿地植被型组

Ⅰ 莎草型湿地植被型

苔草群系（Form Carex sp.）

Ⅱ 禾草型湿地植被型

芦苇群系（Form Phragmites communis）

稗群系（Form Echinochloa crusgalli）

Ⅲ 杂类草湿地植被型

狭叶香蒲群系（Form Typha angustifolia）

水蓼群系（Form Polygonum hydropiper）

喜旱莲子草群系（Form Alternanthera philoxeroides）

浅水植物湿地植被型组

Ⅰ 浮叶植被型

菱群系（Form Trapa bisponosa）

莲群系（Form Nelumbo nucifera）

Ⅱ 沉水植被型

黑藻群系（Form Hydrilla verticillata）

菹草群系（Form Potamogeton crispus）

（2）植物群系分布及特点

①苔草群系：分布于湖泊沿岸带或浅水区，常形成单优群落或纯群落，群落中常伴生稗、水蓼、喜旱莲子草、浮萍、紫萍等。

②芦苇群系：芦苇群系是湿地保护区中分布较广的植物群系，其高度在200厘米左右。常伴生菰、狭叶香蒲、水蓼和稗等挺水植物，以及浮萍、紫萍、凤眼莲等漂浮植物。

③稗群系：常分布于水陆交错区，群落优势种稗高度一般约为110厘米，稗盖度在70%左右，常伴生水蓼、喜旱莲子草、浮萍、紫萍等。

④狭叶香蒲群系：该群系在湿地区分布较广，常分布于沟渠、湖岸沿岸带和子湖边缘，其群落盖度约为60%，狭叶香蒲株高200厘米左右，常伴生莲、水蓼、喜旱莲子草、浮萍、紫萍等。

⑤水蓼群系：水蓼群系在此区十分常见，浅水水域、滩涂、沼泽等地都有分布。群落中常见其他植物种类有狗牙根、喜旱莲子草、浮萍、水鳖等。

⑥菱群系：常见分布于周边池塘，在敞水区和河流中也有分布，河流中分布面积较大，其群落总盖度87%，以菱为优势种，群落中菱平均株高达200厘米，常伴生水蓼、满江红、浮萍、紫萍、稗等。

⑦喜旱莲子草群系：该群系在湿地区分布较广，常见于池塘、沟渠和湖泊沿岸带，常形成植毡层漂浮于水面，群落边缘常见的其他伴生植物有水蓼、水鳖、浮萍、紫萍等。

⑧莲群系：莲群系在湿地区较为常见，多为水塘栽培植物群系，在湖区浅水区域也有零星分布。莲常大面积覆盖水面，盖度达90%以上，形成单一优势种群落，群落边缘常伴生粗梗水蕨、水蓼、浮萍、紫萍等植物。

（五）保护管理状况等

未采取保护措施，主管部门为临沂市政府。

（六）湿地功能与利用方式

本湿地主要作用为种植、养殖。

（七）受威胁状况

主要受过度采沙和捕捞威胁。

（八）土地所有权

国家所有。

（九）湿地主管部门和管理机构

主管部门为临沂市政府，管理机构为临沂市水利局。

第八章　湿地资源及其利用现状评价

第一节　湿地资源现状分析评价

临沂市调查湿地斑块659块，包括一般调查斑块650块和9块重点调查湿地斑块，湿地类型三类七型，即河流湿地、湖泊湿地和人工湿地三类，永久性河流、季节性或间歇性河流、永久性淡水湖、库塘、水产养殖场、运河和输水河、水稻田七型。湿地调查总面积73477.67公顷（不含水稻田），湿地植被面积12672.02公顷，河流湿地面积48257.54公顷，湖泊湿地面积522.25公顷，人工湿地面积24697.88公顷，另有水稻常年种植面积65000公顷，合计湿地总面积138477.67公顷（含水稻田），占临沂全市面积1719121.3公顷的8.06%。

临沂市水资源：多年平均地表水资源量51.6亿米^3，地下水资源量23.6亿米^3，重复计算量15.6亿米^3，水资源总量59.6亿米^3，其中现有水利工程平水年可供水量31.8亿米^3。地表水资源则全属于湿地水资源。

临沂市全市有高等植物151科1043种（包括变型或亚种），动物约14纲1049种，其中淡水鱼15科57种，鸟类37科171种，哺乳类7目25种。调查湿地植物71科269种，占全市高等植物科的47.02%，种数的25.8%；湿地动物（未调查昆虫、原生动物等的前提下）占全市动物的28.12%。

第二节　湿地的效益及利用状况评价

湿地效益和价值的评价是湿地保护和合理利用的基础。湿地的功能虽是多方面的，但因其类型、所处的自然地理与社会经济条件的不同而具有明显的效益和价值差异。对临沂市湿地效益和价值，简单从以下几个方面进行评价：

①湿地补水功能的价值。临沂湿地的涵养水源价值计算采用影子工程法，即总蓄水量与单位蓄水量价值成本之乘积，每立方米水价值按0.5元计。

湿地补水功能的价值=51.6×109×0.5=2.58×1010（元/年）。

②湿地调节气候功能的价值。根据谢高地等制定的“中国陆地生态系统单位面积生态服务价值表”，水体气候调节的价值为407.00元/（hm^2·年）。

调节气候功能总价值=总面积×单位面积水体（以湿地面积的40%为水体面积计算）=407.00×1.38457×106×40%=2.25×109（元/年）。

③湿地生物多样性的价值。根据谢高地等制定的“中国陆地生态系统单位面积生态服务价值表”，水体生物多样性保护价值为2.20×103元/（hm^2·年）。

生物多样性保护的价值=总面积×单位面积生物多样性保护价值=1384.57×104×2.20×103=3.05×1010（元/年）。

④湿地社会文化的价值。根据国内外的研究成果，采用吕勇等对东湖湿地的调查研究采用中位值55.00元作为总样本的人均WTP值，仅仅按临沂市人口计算。

临沂湿地社会文化的价值=临沂人口数量×55.00=1.0194×108×55.00=5.61×109（元/年）。

⑤湿地产品的价值。渔业产品仅为湿地产品的一部分，按50%计算，2010年临沂市渔业经济总产值达到25亿元，其中水产品产值12亿元，二、三产业产值13亿元。

临沂市湿地产品的价值=渔业经济总产值÷50%=2.5×1010÷50%=5×1010（元/年）。

合计以上五项价值，临沂湿地效益总价值为114.15亿元/年。

湿地的总价值还应包括降解污染功能、抵御侵蚀、生物多样性、均化洪水功能、社会文化、水运、水力发电、旅游等方面的效益价值。

第三节　存在问题与合理利用建议

一、湿地资源及其利用现状存在问题

由于历史的原因，临沂市经济社会发展尚不发达，对湿地认识相对不足、利用匮乏。在湿地资源及其利用现状方面主要存在以下问题：

①对湿地缺乏相对的统一规划、统一管理，功能失调。目前湿地管理，既有渔业部门，也有环保、水利、农业、建设等部门，各部门各自为政，多头管理，矛盾较多，湿地管理不到位。有的部门只顾及自己的利益，而不考虑湿地的多种功能，严重影响了资源的合理利用与保护。

②对鱼类资源破坏严重，在鱼类繁殖期捕鱼、绝户网、迷魂阵捕鱼时有发生，过度捕捞使一些河流和库塘的鱼类大量减少。

③由于我市部分湿地范围内具有丰富的砂矿资源，部分范围内盗采乱采河沙现象严重。

④水质污染严重，影响湿地可持续发展。由于我市人口密度较大，工农业生产发展迅速，城市工业和生活废水大量排入江河，使湿地受到污染。

二、湿地合理利用建议

湿地具有巨大经济、社会、生态效益，湿地是宝贵的自然资源，一定要千方百计地做好湿地的保护和恢复工作。

①应该加紧对临沂湿地进行资源清查、结构分析、功能评价、科学规划，以确保临沂湿地复合资源得到有效保护与可持续利用，提高对湿地资源保护和可持续发展重要性的认识。

②要建立统一管理机制，加强规划设计，合理利用，确保生态平衡。

③要进一步加大环境污染治理力度和资源开采有序性管理，及时进行环境影响评价，做出科学评估，为湿地开发利用提供科学数据。

④要有针对性地开展科学研究，进一步做好资源的合理开发利用方式的研究，提出对策，保护好现有的资源。

⑤要加大依法治理力度，制定措施，加强湿地经营管护，促进我省湿地保护和管理工作的健康发展。

第九章　湿地保护管理现状评价

第一节　湿地保护和管理现状

临沂市湿地资源相对丰富，湿地类型有三类七型，包括河流湿地、湖泊湿地和人工湿地三类，永久性河流、季节性或间歇性河流、永久性淡水湖、库塘、水产养殖场、运河和输水河、水稻田七型。湿地调查总面积73477.67公顷（不含水稻田），湿地植被面积12672.02公顷，河流湿地面积48257.54公顷，湖泊湿地面积522.25公顷，人工湿地面积24697.88公顷，另有水稻常年种植面积65000公顷，合计湿地总面积138477公顷（含水稻田），占临沂全市面积1719121.3公顷的8.05%。

近年来省市县各级领导高度重视湿地保护工作，在政策、资金方面给予了一定支持，主要领导多次现场指导、协调湿地保护工作。

制定湿地保护管理措施，效果显著。临沂市林业局根据自身条件，积极协调有关部门，制定了一系列临沂市湿地保护措施，并得到了顺利实施，效果显著。

加大宣传力度，强化依法保护湿地资源和管理力度。临沂市相关部门利用相关媒介以及“湿地日”“爱鸟周”“地球日”等活动，广泛宣传湿地保护功能、意义、相关政策、法规，提高了公众湿地保护意识。

积极申报国家级、省级湿地公园，建立相对完善管理机制。临沂市共组织申报国家湿地公园1个，已获批武河国际级湿地公园；成功申报省级湿地公园2个，分别是沭河省级湿地公园、祊河省级湿地公园。

第二节　存在的主要问题

随着临沂经济社会的快速发展，湿地生态保护利用遇到了许多不可忽视的问题，严重制约着临沂湿地持续、健康、快速发展。

①临沂水源相对短缺，水体受到内外源污染威胁。

水资源相对短缺是中国北方城市面临的普遍问题。临沂河道湿地多为季节性泄洪河道，存储水能力受限，近年来虽然临沂市加大了河道橡胶坝截留水体力度，但河道仍主要是泄洪功能；由于临沂市是密集人口区域，水体受到内外源污染威胁。

②外来入侵种增加，湿地生物多样性受到威胁。

调查显示临沂湿地外来（入侵）物种有增加的趋势，主要表现为水花生在武河湿地公园呈大规模暴发趋势，部分湿地存在水华发生、草华频出现象；部分民众对湿地生态认识不足，盲目放生鳄龟、巴西龟等外来物种。

③科研宣教工作亟待加强。

湿地保护管理是一项新兴事业，目前全社会还普遍缺乏湿地保护意识，对湿地的价值和重要性缺乏足够认识。湿地保护日常工作、湿地调查监测和科研、湿地保护宣教、生态补偿、队伍建设等方面资金投入不足是湿地保护管理面临的一个重大问题，制约了湿地保护管理事业的健康发展。

④协调机制有待完善。

湿地管理是一项跨部门、跨行业的综合性工作。由于许多历史原因，至今尚未形成良好的协调机制，不同部门因在湿地保护、利用和管理方面的利益不同，各自为政，各行其是，矛盾较为突出，影响了湿地的科学有效管理。

第三节　保护与管理建议

①完善湿地保护管理机制。

建立较为统一的湿地管理单元，赋予较强的组织协调权利或执法管理力度。比如成立市级“湿地办”统筹管理各级湿地公园、湿地资源开发利用等。

②增加地方湿地科研投入力度，查清湿地资源现状，进行分类和环境质量评

估，制定保护与合理利用规划。

在查清本底资源的基础上，根据湿地生态系统的代表性、自然性、稀有性、脆弱性及受威胁程度，制定湿地资源保护与开发利用的长远规划，以及湿地价值及效益的环境质量评估方法、指标体系，确定最重要和最优先保护的湿地类型及区域，加强科研，加大资金投入，建立示范区，研究湿地资源保护与开发利用的最佳模式，提供地方不同湿地生态系统类型合理利用的有效途径，达到湿地资源的永续利用。

③加大治理湿地污染力度，减轻其对湿地资源的威胁和控制湿地水文变化。

水污染的防治和水质的改善是保护湿地资源的有效途径之一，加大湿地水资源污染治理力度，与环保部门密切合作，对湿地范围内的点源污染坚决关停，对面源污染可以利用生物篱笆技术，尽量消除，内源污染加大科研力度，采用适宜的生物技术方法，尽量去除，构建良性稳定的湿地生态系统。

④加强湿地生态宣传力度，尽力争取领导重视、群众参与，努力提高人民的生态环保意识和湿地生态知识水平。

广播、电视、报刊等新闻单位，把保护湿地资源的宣传教育当做一项应尽的社会责任。各级政府要在每年的春季广泛深入开展“国际湿地日”和“爱鸟周”活动，利用广播、电视、报纸、书刊、宣传画册、学校教育等多种形式，提高爱护湿地、保护湿地的全民意识，使保护湿地资源就是保护自己的家园意识逐渐成为一种社会风尚。组织地方专家编写或完善临沂湿地保护和合理利用的培训教材及相关的科普、专业著作。把宣传保护湿地资源的重要性和必要性及有关法规以喜闻乐见的方式展现在民众面前，尽力争取领导重视、群众参与，努力提高人民的生态环保意识和湿地生态知识水平。

第十章　临沂市城市水体水华预警机制和应急预案设置研究

水体富营养化是指水体接纳过量氮、磷等植物性营养物质，使藻类和其他水生植物异常繁殖，水体透明度和溶解氧下降，水质变化，鱼类及其他生物大量死亡的现象。藻类死体腐烂分解时又更多地消耗溶解氧，溶解氧耗尽后，有机物又通过水中厌氧微生物的分解引起腐败现象，产生甲烷、硫化氢、硫醇等有毒恶臭物，使水体发臭变质，不仅给水资源的利用造成破坏，而且给水体环境及其生态系统带来严重后果。水体富营养化是全世界面临的水环境问题，我国66%的湖泊、水库处于富营养化状态，滇池、太湖、巢湖3大湖泊富营养化问题尤其突出，汉江、香溪河、松花江等部分河流水体近年来也相继出现富营养化状态。城市水体，是指存在于城市中心或周边的水体。由于人类活动的频繁，研究显示城市水体富营养化趋势明显高于城市外水体，而富营养化水体中水华现象已经成为全世界最严重的水环境问题之一。

水华是一种危害严重的水质污染现象。水华（Water bloom）通常指淡水池塘、河流、湖泊、水库等水体受到污染，氮、磷等营养物质大量增加，致使水体达到富营养化或严重富营养化状态，在一定的温度、光照等条件下，在水面形成或薄或厚的绿色或其他颜色的藻类漂浮物的现象（周云龙等，2004）。一般认为水体中藻细胞叶绿素a浓度达到10毫克/米^{3}或藻细胞达1.5×104个/毫升时，则被认为该水体出现水华（ANZECC，1992）。

一、项目研究的意义

水是一座城市的历史，是财富，是资源，是文明素质和文化底蕴的象征。缺少了水，城市就不能发展；离开了水，城市就没有灵气。乐水亲水、近水而栖，是人类的天性，由水形成的环境美是一种天然美。相对于滨海、大江、大河沿岸城市来说，内陆城市增添城市的灵气和神韵，“引水、截水、用好水”是内陆城市发展与壮大的必由之路。在城市河道利用建设橡胶坝和水利枢纽等工程，形成一定的水域面积，可有效增加城市水系概率，改善城市生态环境。

临沂作为发展迅速的城市，决策者们早已认识到了水对临沂的重要性，“水是临沂城市的灵魂”。因此，临沂立足九河穿城而过的优势条件，精心打造生态水城框架，形成“临沂滨河景区”，使城区段生态水域面积达 49 千米^2，一次蓄水量达到 6 亿米^3，城市水系概率可达到 29%，大大改善了城市生态环境。

但有统计显示，随着人口及社会经济的迅速发展，城区内河及相关水体的环境状况会越来越差，即使污水截流、废水达标排放和控制排污总量作为河道整治的首要措施。由于难以根除的面源污染及内源污染，即使在污水排放得到有效控制的情况下，河道污染及其富营养化问题仍然十分突出。由水体富营养化引起的藻类水华泛滥，会给城市水体景观和居民身体健康带来严重威胁。我市部分水体近年来连续发生的水华现象，均为蓝藻水华。蓝藻水华的危害主要表现为（杜桂森等，2002）：

①水体中严重缺乏溶解氧，造成鱼类等大量水生动物死亡。由于水面蓝藻细胞层的出现隔绝了水体与大气的气体交换，水体缺乏溶解氧。另一方面，蓝藻的生活周期短，生长繁殖越旺盛，死亡的藻细胞越多。死亡的藻细胞沉到水底，其降解过程消耗大量的溶解氧。这两种作用的叠加，使得水体中的溶解氧严重缺乏，特别是在夏季夜晚，容易使水体出现死亡层，导致鱼类等水生生物窒息死亡，破坏水生生态平衡。

②产生硫化氢、甲烷等有毒气体。发生蓝藻水华的水体由于缺乏溶解氧，死亡的藻细胞和各种有机物以厌氧分解为主，降解不完全，产生硫化氢、甲烷等气体，污染环境，毒害生物，影响周围人群的生活、工作和健康。

③产生毒素。形成水华的浮游藻类主要是蓝藻门的微囊藻（铜绿微囊藻、水华微囊藻），它们代谢产生的微囊藻毒素释放到水体中，毒害水生生物。长期饮用含有微囊藻毒素的水有致癌、致畸、致突变的作用，极易引发肝癌。

④丧失水体功能。连年发生蓝藻水华的水体很快就会成为脏臭不堪的死水，失去水体功能。

水华的发生是突发性的，而水华一旦发生，控制难度就会加大，治理成本成倍提高，因此如果能够预见到水华的发生并及时采取相应措施会取得事半功倍的效果。水华预警是水质预警中的一种突发型预警类别，是指在一定范围内，对藻类生长状况进行分析、评价，对其未来发展状况进行预测。水华预警系统具有超前性预报的功能，能够提前预测出水质演化趋势、方向、速度和后果，在发生水华之前及早发出警报，为水华控制提供科学依据。

为保障临沂生态市建设的顺利实施，把临沂建设成具有比较发达的生态经济、优美的生态环境、宜人的生态人居、人与自然和谐相处的可持续发展城市，响应临沂“碧水蓝天工程”建设，使水质保持良好的状态，实现水资源的可持续利用，开展“临沂市城市水体水华预警机制和应急预案设置研究”已成为我市生态环境建设的迫切需要。研究水华爆发现象，形成预警机制，应急预案设置研究，可以为监控的藻类生长提供理论依据，避免水体出现突发水华灾害。建立水华初步预警机制，通过及时获取重要的环境和气象等信息，在适合藻类水华形成的水文与气象的时间段，设立监测点，加大水源地的水质连续自动监测力度，争取在水华尚未到达到爆发阈值做出响应，采取措施予以控制，如水利调水、围栏隔藻、物理除藻、机械捞藻等，同时调整流域周围水资源分配，切实保证用水安全。一旦出现水华污染突发事件，确保第一时间启动应急预案。

二、国内外研究现状

藻类水华的产生是由水体的物理、化学和生物过程等多种因素共同作用的结果，各要素之间关系复杂，存在随机性、不确定性和非线性特征，目前对于其发生的临界因素和机理不完全清楚（邢丽贞等，2009）。

国内外对水华预警的研究主要围绕三个方面展开：利用水质模型对水体富营养化程度进行模拟和预测；利用单变量或多变量营养指标对水体营养程度进行预测；利用地理信息系统或遥感系统对水华的发生进行预测。水华预警的方法有模糊评价法、人工神经网络、遗传算法、支持向量机（ Support vectormachines，SVM）等，而神经网络方法因具有较强的适应能力、学习能力和真正的多输入多输出系统的特点而受到人们的重视。

（一）预警因子

对于一个确定的水体环境，藻类数量的某一个特定值，是对应了水体环境的某一个状态，这些状态值与藻类的生长需求密切相关，包括营养因子、环境因子和生态因子，例如TN、TP、光照强度、pH、溶解氧、氧化还原电位等，因此藻类数量的变化可以在这些状态值的变化中表现出来，同时藻类数量的变化也是这些状态值综合作用的结果（周群英等，2000）。

水华的发生是许多因素如营养盐、水温、光照、pH、生物因素等共同作用的结果，发生时又有多种水质指针（如pH、溶解氧、氧化还原电位、氮磷浓度等）同时发生变化，因此在水质预警模型中参数较多，在模型设计时需要在这些影响因素中筛选出合适的因素作为预警因子。一般选择那些受周围环境影响小、适合于所选择的模型、监测方便并且与藻类生长密切相关的因素作为预警因子。

在众多的影响因子中，氮磷及氮磷比、pH、DO（溶解氧）和ORP（氧化还原电位）等都与藻类生长密切相关，且与藻类的生物量之间具有很好的相关性，可以作为预警因子。

1. 氮磷及氮磷比

氮磷是藻类生长最重要的营养因子。氮磷及氮磷比与藻类的生长之间有很好的相关性。可以利用它们之间的这种相关关系建立预测模型，通过监测氮磷浓度来预测水华是否发生。

V. H. Smith（1979）通过研究指出：对藻类生长来说，总氮质量浓度（ρTN）与总磷质量浓度（ρTP）之比ρTN∶ρTP在20∶1以上时，表现为氮过量，磷为限制因子，藻种群密度高峰值主要受磷含量的影响；当ρTN∶ρTP小于13∶1时，表现为氮不足，氮成为限制因子，藻密度高峰值主要与氮含量有关。日本湖沼学者坂本研究发现，当湖水的ρTN∶ρTP在10∶1～25∶1范围时，藻类生长与氮和磷的浓度存在直线相关关系。王志红等（2005）通过研究初始总氮、总磷、氮磷比等营养因子对“水华”生物量的影响，发现当初始总氮质量浓度小于2.0毫克/升、初始总磷质量浓度小于0.1毫克/升时，藻生长高峰值与总氮总磷质量浓度比之间具有良好的相关性，并提出了不同氮磷比值与对应藻类“水华”生物量回归模型，可以对藻类“水华”的生物量进行预测。钟卫鸿等（2003）研究了N、P等对铜山源水库优势藻类（绿球藻和舟形硅藻）生长的影响，发现当N/P为25时，绿球藻生长量最高。杨广杏等（1998）对里湖水体进行实地调查，分析水中浮游藻类叶绿素a（chla）与氮磷营养盐含量，进行回归统计，发现它们之间是正相关关系，N、P营养盐变化趋势与浮游藻类叶绿素a变化趋势相吻合。

2. pH

水体 pH 与藻类生长关系密切。在碳源丰富的水体中，藻类光合作用影响缓冲体系，从而影响水体 pH。最常见的是藻类大量吸收 CO_2 引起水体 pH 上升，同时部分藻类对水体中有机酸的吸收和重碳酸盐的利用，也会引起 pH 的升高（陈明耀，1995）；而藻类的呼吸作用产生的 CO_2 溶于水中促进 H^+ 的生成，会引起 pH 下降。水体酸碱度也会影响藻类的生长，例如碱性环境有利于藻类光合作用，因为碱性系统易于捕获大气中的 CO_2（Imhoff J F 等，1979），因而较高的生产力往往出现在碱性水体中（Melack J M，1981）。每种藻类都有其适合的 pH 范围，因而 pH 不仅会影响藻类的生长繁殖速度，还会影响种类的演替。

刘春光等（2005）研究了淡水藻类在不同 pH 下的生长情况和种类变化，研究结果表明，在 pH 8.0～9.5 的范围内，pH = 8.5 藻类生长状况最好，pH = 9.5 生长最差，表明藻类有适合其生长的 pH，且人为改变 pH 会影响藻类的生长。王志红等（2004）研究了水库水藻类生长过程中 pH 的变化，发现 pH 随藻类数量的增长呈现出有规律的变化，并建立了藻类数量与 pH 之间的数学模型，可以通过监测 pH 来预测藻类的水华现象。游亮等（2007）以北京什刹海原水作为培养对象，进行了一系列实验，研究水体中 pH 的变化，并对实验过程中的 pH 与藻类生长情况进行相关性分析，发现它们之间的相关系数为 0.9312。这也说明了 pH 与藻类生长关系非常密切，是一个合理的水华预警参数。

3. DO 和 ORP

水体中 DO 含量受多因素影响，例如水温、溶解离子、微生物等，而在富营养水体中，DO 则主要受生物过程的控制。当藻类数量上升到一定数量级时，其数量的多少、生命活动的旺盛程度对水体的 DO 变化起主导作用。氧化还原电位是反映介质（土壤、天然水、培养基等）氧化还原状况的一个指标，在湖泊形成水华期间表面水华会造成水体中溶解氧含量降低，氧化还原电位也会随之降低，从而改变藻类的生长环境（Mozelaar R 等，1994）。

张民等（2007）研究了铜绿微囊藻和栅藻在单培养和混合培养条件下降低氧化还原电位对两种藻的影响，结果表明：单培养下，降低氧化还原电位对两种藻的生长速率没有影响；在混合培养条件下，降低氧化还原电位提高了铜绿微囊藻的生长速率，而降低了栅藻的生长速率。同时实验也发现，ORP 降低使得铜绿微囊藻体积变大，生理参数发生改变，有可能是铜绿微囊藻迅速增值的原因。

S. Marsili Libelli（2007）对 Orbetello 礁湖为期一年的监测数据进行分析，比较了春季和冬季的两个变量的每日变化情况，发现在春季 DO 和 ORP 在每天的不同时段变化很大，呈现周期的变化趋势；而在冬季 DO 和 ORP 在每天的不同时段变化不大。由此得出这样的结论：在春季水体温度上升，藻类开始复苏，水体中藻类数量不断增加，藻类的生长影响了 DO 和 ORP，使之呈现周期性的变化趋势；冬季水温低，水体中藻类非常少，使得 DO 和 ORP 的变化不是很明显。同时说明，DO、ORP 和藻密度是相互影响的，因此可以通过检测 DO、ORP 数据来对藻类的数量进行预测。

（二）国外水华预警模型研究进展

20 世纪 70 年代湖泊学家们通过建立简单的磷负荷模型，用于评价、预测湖泊水体的营养状态。这类模型的典型代表是加拿大湖泊专家 Vollenweider（1975）提出的 Vollenweider 模型。

Vollenweider 模型假定，湖泊中随时间而变化的总磷浓度值等于单位容积内输入的磷减去输出的磷及其在湖内沉积的磷，即

$$H\left[dP(t)/dt\right]=L_s(t)-v_sP(t)\ q_sP(t) \qquad (1)$$

式中：H 为湖泊平均水深，H＝体积/表面积，m；$P(t)$ 为 t 时刻实际水体中磷的质量浓度，mg/m^3；L_s 为单位面积输入湖泊的总磷负荷，mg/（m^2·a）；v_s 为沉降速度，m/a；q_s 为单位表面积的出流量，m/a。

至 80 年代，随着对水华和富营养化研究的不断深入，不少专家建立了一系列藻类生物量与营养物质负荷量之间的相关经验模型，其中比较经典的有 Rast 和 Lee 的经验模型（李炜，1999）：

$$\lg Chla=0.76\lg P-0.259 \qquad (2)$$

$$\lg H_t=-0.437\lg Chla+0.803 \qquad (3)$$

式中：Ch la 为叶绿素 a 的浓度；P 为总磷浓度；H_t 为水体透明度。

这类经验模型简单直观，使用方便，但都假定水体混合均匀、稳态，且限制性营养物质是唯一的，与实际情况往往有较大差别，更不能反映藻类生长的机理。

进入 90 年代后，国外出现了更多对湖泊藻类的预测模型，较有名的有 PACGAP 类型（即藻类种群生长和生产力的预测模型）和 PROTECH22 类型（即浮游植物与环境因子关系模型）（Ferguson A，1997；Seip K L，1991；Frisk T 等，1999），以及由美国国家环境保护局提出一种多参数综合水质生态模型 WQASP (water quality analysis simulation program)(Ambrose R B 等，1988)。

此后，越来越多的有针对性的水华预警模型被建立并得到成功应用。Scardi 和 Harding（1999）研究美国东部的切萨皮克海湾（Chesapeake Bay）的富营养化问题时，采用多层传感器，运用概括方法构造了两个人工神经网络模型，对处于富营养化的初级生产力进行了成功预测。Bin Wei 等（2001）建立了 Kasumi-gaura 湖的多因子水质关系模型，利用人工神经网络成功预测到了几种主要优势藻微囊藻（M icrocystis）、席藻（ Phorm idium ）和针杆藻（Syned ra）的爆发。Friedrich Recknagel 等（1997）根据 12 年以上的环境监测资料，利用神经网络建立了四个系统的淡水水华预测模型，对藻类发生的时间、数量级等的成功预测显示该类模型对复杂的非线性的生态现象进行预测的准确率达到了很高的程度。此外，Nitin Muttil，Joseph H. W. Lee（2005）运用遗传算法对香港铜锣湾 3 年的叶绿素 a、溶解氧和气象水文资料建立实时预测模型进行水华超前预测，也得到令人满意的效果。

S. Marsili2L ibell 利用 15 个月的水质监测值［每日溶解氧（DO）、pH、氧化还原电位（ORP）和温度等］的变化来预测水华发生的可能性，运用模糊评价的方法建立了 Orbetello 湖的水华预警模型，进行了成功的水华预测。

（三）国内水华预警模型应用研究

国内对水华预警的研究起步较晚。近年来随着水体水质的恶化及不断发生的严重水污染事件，人们对环境问题越来越重视。国内对水质预报的研究工作已经全面展开，但更多着眼于大流域的水质预警和湖泊的综合水质预报。

朱继业等（1999）在研究物元分析理论的基础上，运用综合评判模型对南京市秦淮外河进行综合水质评定，并建立回归预警模型进行综合水质预报，在实际应用中取得了较满意的结果。董志颖等（1999）采用模糊综合评判法对吉林地区的潜层地下水水质进行预警评价后，结合 GIS 系统得出了该地区的水质预警结果图。王东云等（2001）运用多层前馈神经网络模型和 B2P 算法，对我国某海域的水质富营养化水平进行了评价，只要将观测结果提供给网络，模型可自动将评价结果输出。刘载文等（2007）利用算法改进型的BP（back p ropagation）神经网络，选择叶绿素含量、磷、氮磷比、电导率和水温五个参数作为模型输入，以预测 1 天、3 天和 5 天后的叶绿素含量为目标，构建了北京市长河水系水华短期预报系统，对该水系三个周期的预测精度分别达到了 97.2%、94%、88.3%。王洪礼等（2005）利用支持向量机理论对海水水质富营养化的程度进行评价，并与 BP 人工神经网络方法所得结果进行比较，发现 SVM 理论能更好地解决小样本的分类评价问题，评价效果良好，在水质评价领域有较好的应用前景。

韩涛等（2005）以 MATLAB 为工具，建立了评价湖泊水体富营养化状态的 BP 神经网络模型，应用此模型对我国 9 个湖泊富营养化程度进行评价。通过对比用分级评分法、模糊数学法、Fuzzy-Grey 决策法（ F-G 决策法）的评价结果，BP 神经网络的评价结果更为准确。由于采用了足够多的学习样本对网络进行了训练，最大限度地避免了人为主观因素的影响，并经过样本的检验证明了网络具有很强的泛化能力，所以其评价结果更客观、可靠。曾勇等（2007）采用决策树方法和非线性回归方法建立湖泊水华预警模型，应用决策树方法预测水华暴发时机，非线性回归方法预测水华暴发强度。以北京“六海”为例，利用分段线性多元统计回归预测公式，建立了三个由叶绿素 a、水量 Q、水温 T 以及总磷 TP 组成的回归方程。通过这几个回归方程来计算叶绿素 a 的含量，从而达到预测水华的目的。

近年来，随着科技的发展，更多的高新技术应用于水质预警中。GIS、RS 应用比较广泛并取得了良好的效果。窦明等（2002）综合运用 GIS、RS、网络、多媒体及计算机仿真等现代高新科技手段，对汉江流域的地形地貌、水质状况、生态环境、水资源分布等各种信息进行动态监测与处理，建立全流域水质基础信息平台、不同功能的水质模型及其相应的管理系统。汉江水质预警系统具备对汉江水质实时监控、水污染事故应急响应、水资源优化调度和水环境综合管理等功能。朱灿等（2006）以 GIS 和数据库管理系统（DBMS）为开发平台，建立了数字西江水质预警预报系统，在发生水污染突发事故后，能够快速预报污染物向下游的扩散时间、扩散面积、确定污染范围、污染程度及对下游取水口等所造成的影响，为决策部门提供决策支持。丰江帆等（2006）针对太湖的蓝藻暴发引起的太湖水质不断恶化，结合预警模型和 GIS 技术以太湖历年来的连续监测资料为基础，运用多元逐步回归统计方法，选择水温等多项环境理化因素与叶绿素 a、藻类生物量、蓝藻生物量等生物因素进行逐步回归分析，建立起多元逐步回归方程，对太湖藻类生物量的变化情况进行预测预报。

（四）存在问题及研究方向

近 20 年来，富营养化模型和水华预警模型得到了很大发展，状态变量由最初的几个发展到几十个，水体维数由一维稳态发展到多维动态，研究角度由简单的营养盐吸收发展到对生态系统分析模拟，研究对象由单一的藻类生长模拟发展到综合考虑水体的动力学、热力学及生物动态过程等，但是在建模过程中仍存在许多问题：

①建模所依据的数据量不足，缺乏统一详细的水体水化学方面的数据，这给模型的校正、验证造成很大困难，降低了水华预警模型的可靠度和适用性。

②模型缺乏真正生态系统所具有的灵活性，不能实时模拟环境的突变，因而预测结果不能反映水体生态系统的真实性。

③模型的模拟对象主要是营养盐的循环、浮游植物的生长和死亡的动态过程，水华预警模型在整个生态系统中非常独立，没有形成一整套水体管理决策支持体系。

为了克服上述问题提出了一些新的方法。例如：用模糊数据方法克服数据量不足的问题，用人工智能方法进行参数估计，用混沌与分形理论增强参数估计的能力，用灾变理论模拟系统结构变化，建立生态参数数据库，使用目标函数等。

富营养化模拟的发展趋势以学科相互渗透与交错为主，如水体物理环境与藻类生态行为相结合，藻类生态学与分子生物学相结合。富营养化模型也将从单一的预测和评价发展成为多目标管理优化模型（Somlyody L.，1998）。随着新技术的发展，一些新的研究思路和技术也开始逐渐应用到水体富营养化模型中，比如在模型中综合考虑社会学、经济学和心理学因素，结合人工智能方法或GIS技术，从而使模型的适用性和可靠性得到进一步加强。

综合运用GIS、RS、计算机仿真技术、多媒体技术等，对水体预警因子进行实时监测与处理，建立更符合水体实际的多维动态水华预警模型，进一步提高预警模型的可靠性，是水华预警模型研究的方向。

对水华暴发的预测主要有两种方法：一种是确定性的机理模型，以现实系统的基本物理、化学定律理论为基础而得到的模型，如QUAL-Ⅱ、WASP、SALMO等水质生态模型，但需要大量数据确定其参数；另一种为数据驱动方法，包括多元统计回归方法和神经网络方法。如周勇等提出了灰色动态模型和多元线性回归模型藕合预测湖泊未来水环境变化的原理和方法。但多元统计回归模型存在着模型形式的选择问题，一般采用线性关系进行简化，因此在处理水华暴发的限制因素发生变化时的预测效果不佳；而神经网络方法由于具有较强的适应能力、学习能力和真正的多输入多输出系统的特点得到人们的重视。其中，Maier等建立的人工神经网络模型预测藻类浓度，并对不同时期的数据输入变量作了敏感性分析。Gurbuz 采用初期终止方法训练和校正人工神经网络模型，预测水库中藻类植物的浓度。裴洪平等通过反复的训练找到最能反映水生生态状况变化趋势的水质因子，建立神经网络预测西湖的叶绿素 a 的浓度。而神经网络模型对于如何确定输入变量和网络结构没有很好的方法，并且很难解释神经网络结构的功能以及它们对输出变量的影响。

近年来，Solomatine 和 Dulal 在水文预测中比较了决策树和分段线性统计回归预测方法、神经网络预测方法，认为前者具有同样的精度，并且模型的输入输出关系明显，结果易于解释。Chen 和 Mynett 应用决策树和分段非线性统计回归方法预测了荷兰海岸带水华的叶绿素 a 浓度变化趋势。目前，采取决策树和分段非线性方法对水华暴发进行预测，特别是对水华暴发进行预警区间分类的文献并不多见。曾勇等以北京六海水华暴发为例，采用决策树和非线性统计回归方法探讨其限制因素发生变化时，水华暴发时机、强度的预测，并运用信号灯显示模型的方法，划分出水华暴发的预警区间，便于采取不同的应对措施，取得了一定的效果。

藻类水华的产生是水体中的藻类在适宜的营养盐、水文气象条件下的必然结果。由于目前对藻类水华形成的机理尚未完全认识清楚，其控制也成为世界性的难题，人们一直在探索能够找到一整套安全、有效、低成本、操作简便的控制技术。迄今为止，国内外采用的藻类水华控制技术主要分为应急控制技术和长效治理技术两大类。

三、研究方案的设计思想及论证

①临沂市城市水体主要藻类物种多样性、水文、水质、气候、环境等状况研究。

野外调查与室内分析相结合，在城市水体不同断面、不同水深、水下不同淤泥层设置若干采样点，采用定量与定性相结合，获得水体主要藻类物种多样性；通过有关资料、现场测量等获得水文、水质、气候、环境等状况。

②临沂市城市水体历年藻类发生种类与水文、水质、气候、环境关系研究，获得动力学模型。

野外调查与室内分析相结合，从藻类生长状态的动态变化、环境污染物、气候的动态变化及相关监测活动等方面展开科研活动，进行水体藻类生长状况及水华暴发情况的分析总结；获得临沂市城市水体历年藻类发生种类与水文、水质、气候、环境关系动力学模型。

③采用决策树方法和线性回归方法等建立水华预警模型，划分水华暴发预警区间。

通过决策树方法将整个空间分为不同区间，对不同区间采用线性多元统计回归方法进行预测，建立水华预警模型，划分水华暴发预警区间。

④生物与水力控藻技术研究。

研究利用藻类的天敌及其产生的抑制藻类生长的物质来控制或杀灭藻类的技术，包括利用藻类病原菌（细菌、真菌）、藻类病毒（噬藻体）、食藻鱼类等控制藻类生长；利用种植高等水生植物与藻类竞争，控制藻类生长以及酶处理等。研究不同水力条件对藻类生长的影响。探索找到一套安全、有效、低成本、操作简便的控制技术，水华控制技术包括应急控制技术和长效治理技术。

⑤利用已有技术研究水华暴发紧急处置预案。

综合运用生物与水利控藻技术，各部门协作统一，研究水华暴发紧急处置预案。

⑥水华预警机制和应急预案设置模拟运行。

运行与纠偏，获得最佳水华预警机制和应急预案。

四、研究内容、路线及方法

根据课题合同内容，进行了以下研究：临沂市城市水体藻类物种多样性研究；临沂市城市水体历年藻类发生种类与水文、水质、气候、环境关系研究；沂河临沂城区段水体中微囊藻毒素 MCs 的检测；水华预警模型的构建研究；应急预案设置。

第一节　临沂市城市水体藻类物种多样性调查

临沂因濒临沂河而得名，是一座美丽的滨水生态城。临沂境内河流众多，水资源丰富。城区内沂河、祊河、涑河、青龙河、柳青河、陷泥河、李公河等七条河流纵横贯通。为塑造城市特色，改善人居环境，提高生活质量，市委、市政府确立了“以河为轴、两岸开发”的生态水城建设总体思路，努力打造以水为魂的最佳宜居城市。

依托沂河、祊河城区段，北起汶泗路汤头桥和北外环，南至刘家道口水利枢纽，建设临沂滨河景区，总面积 70 千米^2。其中，水域面积 48.5 千米^2，绿地面积 18 千米^2，堤坝道路 160 千米，形成集“水、岸、滩、堤、路、景”于一体，具有防洪、交通、景观、休闲、娱乐、文化、旅游等多功能的生态景区，是国家水利部命名的首批水利风景区，跻身于全国最大城市湿地，沂河综合治理工程被授予“中国人居环境范例奖”。

然而，城市水系具有其区别于自然河流及湖泊的特征。与自然河流相比，城市水系受人类活动的影响更强烈，受闸坝控制，水流滞缓，富营养化程度高，藻类暴发可能性大，藻类生长动态常常是关注的重点。我们近年来对临沂市城市水体浮游植物群落结构和数量变化进行了调查。

一、研究方法

（一）采样点设置

根据具体情况设置 6 个监测点，即沂蒙路北祊河桥底、沂蒙路涑河桥底、祊沂河界、涑沂河界、沂河老桥下、埠东橡皮坝处。

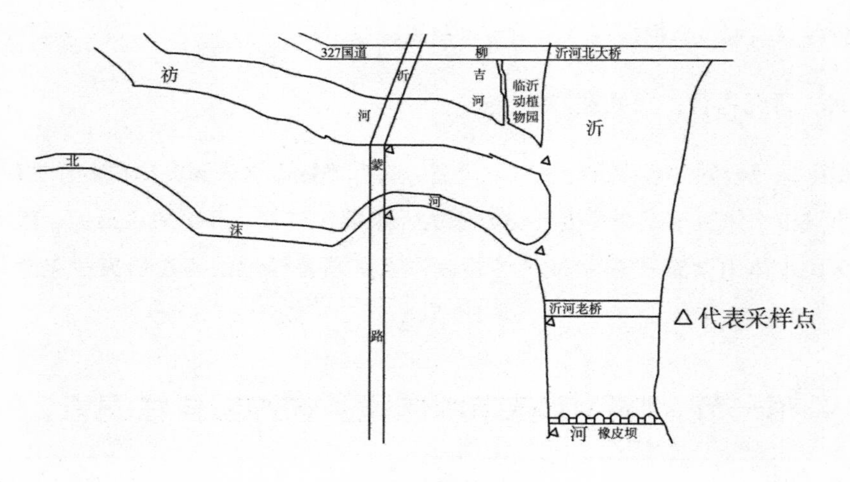

图 10－1　采样点设置

（二）采样方法和样品的处理

1. 定性样品采集

在各采样断面中部的水面和水面下 0.5 米处，用 25 号浮游生物网以 20～30 厘米/秒的速度作“∞”字形往复缓慢拖动约10 min后垂直提出水面，将采得的水样倒入标本瓶中，加入鲁哥氏液进行固定。带回实验室，在显微镜下进行藻类的观察、鉴定分类，并全部鉴定到种（胡鸿钧等，1979；章宗涉和黄祥飞，1991；梁象秋等，1995）。

2. 定量样品采集

在各采样断面，用有机玻璃采水器按断面左、中、右三点进行定量样品的采集。在各采样断面共计采水样1 000毫升，加入15毫升鲁哥氏液进行固定。每个水样带回实验室后浓缩至30毫升，经充分摇匀，用定量吸管取0.1毫升注入计数框内在显微镜下进行藻类计数。每个水样计数3片，并计算平均值（章宗涉和黄祥飞，1991）。

二、结果

（一）绿藻门（Chlorophyta［8］）

1. 绿藻纲（Chlorophyceae）团藻目（Volvocales）衣藻科（Chlamydomonadaceae）

（1）衣藻属（Chlamydomonas）

①球衣藻（Chlamydomonas globosa Snow.）：

细胞小，多数近球形，少数椭圆形，常具有无色透明的胶被。细胞前端中央不具乳头状突起，具两条等长、稍长于体长的鞭毛，基部很厚，基部具1个大的蛋白核。眼点位于细胞前端近1/3处，不很明显。细胞核位于细胞的中央。直径5～10微米。

②莱哈衣藻（Chlamydomonas reinhardi Dang.）：

细胞球形到短椭圆形，后端广圆，前端略狭；细胞壁柔软。细胞前端中央不具乳头状突起，具两条等长、不超过体长1.5倍的鞭毛，基部具两个伸缩泡，色素体大，杯状，基部加厚处具1个有棱角的蛋白核。眼点大，半球形，位于细胞前端近1/3处。细胞宽14～18微米，长14～22微米。

③布朗衣藻（Chlamydomonas braunii Gor.）：

细胞近球形到椭圆形，基部广圆形。细胞壁明显，基部和侧壁增厚呈杯状，前端具1个短而尖圆形的乳头状突起，突起外的细胞壁呈球形，前端增厚。细胞前端中央具2条等长、约超过体长的鞭毛，基部具2个伸缩泡。色素体大，杯状，基部很厚，基部具1个大的带形或马蹄形的蛋白核。眼点大、线形，位于细胞前端近1/3处。细胞核位于细胞近中央偏前端。细胞宽14～27微米，长14～30微米。

④简单衣藻（Chlamydomonas simplex Pasch.）：

细胞球形，细胞壁很薄，柔软，其基部常略与原生质分离。细胞前端中央具1个很小、钝的乳头状突起，具2条等长、长度约等于体长的鞭毛，基部具2个伸缩泡。色素体杯状，基部明显加厚，基部具1个球形或略长的蛋白核。眼点大，椭圆形，位于细胞前端近1/4处。细胞核位于细胞近中央偏前端。细胞直径9～21微米。

⑤小球衣藻（Chlamydomonas microsphaera Pasch.）：

细胞球形，细胞壁较厚；细胞前端中央具1个小的、钝圆形、明显的乳头状突起，具2条等长、长度约等于体长的鞭毛，基部仅看见1个伸缩泡。眼点大，点状，位于细胞的中部或稍偏于前端的一侧细胞核位于细胞近中央前端。细胞直径8～19微米。

⑥斯诺衣藻（Chlamydomonas snowiae Printz.）：

细胞卵形或椭圆形。细胞前端中央的乳头状突起，具2条等长、长度约等于体长的鞭毛，基部具2个伸缩泡。细胞宽6.5～16微米，长10～21微米。

（2）四鞭藻属（Carteria Dies）

⑦多线四鞭藻（Carteria multifilis Dill.）：

细胞广卵形至球形。细胞前端中央具1个小的、明显的乳头状突起，具4条约等于体长或为体长1.75倍的鞭毛，基部具两个伸缩胞。色素体杯状，基部明显增厚，近基部具1个大的、近球形的蛋白核；眼点位于细胞前端近1/4处。细胞核位于细胞近中央偏前端。细胞宽10～14微米，长9～16微米。

2. 绿藻纲（Chlorophyceae）团藻目（Volvocales）团藻科（Volvocaceae）

（1）盘藻属（Gonium Muell）

⑧美丽盘藻（Gonium formosum Pasch.）：

群体绝大多数由16个细胞组成，少数由4、8或32个细胞组成，排列在一个平面上，呈方形、板状；群体直径35～38毫米；细胞宽4.5～10微米，长6～15微米。

（2）团藻属（Volvox Linn）

⑨美丽团藻（Gonium formosum Pasch.）：

群体球形或椭圆形，由500～4000个细胞组成。群体细胞彼此分离，排列在群体胶被周围，群体细胞间彼此由粗的细胞质连丝连接，群体内各细胞的胶被界限明显，成熟时呈多角形或星形。

（3）实球藻属（Pandorina Bory）

⑩实球藻（Pandorina morum Bory.）：

群体球形或椭圆形，由4、8、16或32个细胞组成。群体胶被缘边狭；群体细胞互相紧贴在群体中心，常无空隙，仅在群体中心有小的空间。细胞倒卵形或楔形，前端钝圆，向群体外侧，后端渐狭。前端中央具2条等长的鞭毛，基部具2个伸缩泡。细胞直径7～17微米，群体直径20～60微米。

3. 绿藻纲（Chlorophyceae）四孢藻目（Tetrasporales）四集藻科（Palmellaceae）

网膜藻属（Tetrasporidium）

⑪网膜藻（Tetrasporidium javanicum Moeb）：

植物体形态不一，多为广披针形或椭圆形，有时为近卵形或不规则扩展的叶形群体，鲜绿色，长达15厘米，宽达5厘米。细胞球形或卵球形，直径5～12微米。其他特征与属同。

4. 绿藻纲（Chlorophyceae）绿球藻目（Chlorococcales）绿球藻科（Chlorococaceae）

（1）粗刺藻属（Acanthosphaera Lemm.）

⑫粗刺藻（Acanthosphaera zachariasi Lemm.）：

细胞直径9～15微米；刺长23～28微米，粗壮的下部的长度约等于纤细上部的1/4～1/3。

（2）多芒藻属（Golenkinia Chod）

⑬多芒藻（Golenkinia radiate）：

细胞球形，直径7～18微米。刺多，细而长，长度为15～18微米。常见于较肥沃的水体中。

5. 绿藻纲（Chlorophyceae）绿球藻目（Chlorococcales）小球藻科（Chlorellaceae）

（1）顶棘藻属（Chodatella Lemm.）

⑭长刺顶棘藻（Chodatella longiseta Lemm.）：

细胞椭圆形，两端钝圆。色素体1个，无蛋白核。细胞宽5～8微米，长9～13微米。分布在较肥沃的水体中。

⑮四刺顶棘藻（Chodatella quadriseta Lemm.）：

细胞卵圆形或柱状长圆形。色素体片状，常为2块，无蛋白核。细胞宽4~6微米，长6~10微米。细胞两端的两侧各具2条斜向伸出的长刺，刺长15~20微米。

（2）月牙藻属（Selenastrum.）

⑯端尖月牙藻（Selenastrum westii G. M. Smith）：

细胞新月形，两端狭长，较直，斜向伸出，顶端尖锐，常由4或8个细胞聚集成群。细胞宽1.5~2.5微米，长20~30微米。多生长在肥沃水体中。

⑰月牙藻（Selenastrum bibaianum Reinsch.）：

细胞新月形或镰形，两端同向弯曲，细胞宽5~8微米，长20~38微米。

（3）小球藻属（Chlirella Beij.）

⑱椭圆小球藻（hlirella ellipsoidea Gren.）：

单细胞，椭圆形，两端钝圆，有时不对称，壁薄。色素体片状，占细胞的大部分，具1个蛋白核。宽4.5~8微米，长7~10微米。

⑲小球藻（Chlorella vulgares Gren.）：

单细胞，球形，壁很薄。色素体杯状，占细胞的大部分。具1个蛋白核，有时不很明显。直径5~10微米。分布于有机物质丰富的小型水体。

6. 绿藻纲（Chlorophyceae）绿球藻目（Chlorococcales）群星藻科（Sorastraceae）

集星藻属（Actinastrum Lag.）

⑳集星藻（Actinastrun hantzschii Lag.）：

群体由4或8个细胞组成。细胞纺锤形或圆柱形，两端略狭窄。色素体周生，片状，具1个蛋白核。细胞宽3~5.6微米，长12~29微米。

7. 绿藻纲（Chlorophyceae）绿球藻目（Chlorococcales）水网藻科（Hydrodictyaceae）

盘星藻属（Pediastrum Mey.）

㉑短棘盘星藻（Pediasrum. Boryanum. Turp）：

群体完整穿孔。细胞5至6边形，外层细胞具2个钝的角状突起。细胞壁具颗粒，细胞宽度可达14微米，长度可达21微米。

㉒双射盘星藻（Pediastrum biradiatum Mey.）：

定形群体由4、8、16、32或64个细胞组成，具穿孔。外层细胞具2个裂片状的突起，突起末端具缺刻，以细胞基部与邻近细胞连接；内层细胞具2个裂片状突起，突起末端不具缺刻，细胞凹入，平滑。细胞宽10～22微米，长15～30微米。为常见浮游种类。

8. 绿藻纲（Chlorophyceae）绿球藻目（Chlorococcales）栅藻科（Scenedsmaceae）

（1）栅藻属（Scenedesmus Mey）

㉓二形栅藻（Scenedesmus dimorphus kutz）：

定形群体由2、4或8个细胞组成。常见为4个细胞群体，中间部分的细胞逐渐纺锤形，两侧的细胞镰形或新月形。4细胞的群体宽11～20微米；细胞宽为3～5微米，长为16～23微米。

㉔四尾栅藻［Scenedesmus quadricauda（turp.）Bred］：

定形群体扁平，由2、4、8或16个细胞组成，常见的为4～8个细胞的群体，群体细胞排列成一直线。细胞为长圆形、圆柱形、卵形，上下两端广圆。群体两侧细胞的上下两端，各具1长或直或略弯曲的刺；中间部分细胞的两端及两侧细胞的侧面游离部上，均无棘刺。4细胞的群体宽10～24微米；细胞宽3.5～6微米，长8～16微米，刺长10～13微米。

㉕斜生栅藻［Scenedesmus Oobiquus（Turp.）Kutz.］：

定形群体扁平，由2或4个细胞组成；各细胞排列在一直线上，细胞壁平滑。细胞宽3～9微米，长10～21微米。

（2）拟韦斯藻属（Westellopsis Jao）

㉖线性拟韦斯藻［Westellopsis Linearis（G. M. Smith）］：

细胞直径3～6微米，为湖泊中真性浮游种类。

（3）韦斯藻属（Westella Wild.）

㉗韦斯藻（Westella botryoides）：

群体由四个细胞四方形的排列在一个平面上，每个细胞以其壁紧密连接。细胞球形到近球形。色素体周生，杯状，具一个蛋白核。细胞直径3～9微米。

（4）四星藻属（Tetrastrum Chod）

㉘单棘四星藻（Tetrastrum hastiferum）：

定形群体由4个三角形细胞组成。细胞外侧凸出，呈广圆形，具一条长刺毛。色素体周生，片状，具一个蛋白核。细胞宽与长为3～6微米，刺毛长约7微米。

(5) 微芒藻属（Micratinium Fres）

㉙微芒藻（Micractinium pusillum Fres）：

定型群体细胞的排列方式不一，或为四方形，或为角锥形，8 个细胞时则为球形，细胞球形直径 3 ~7 微米。具 1 ~5 条长刺，刺长 20 ~35 微米。

9. 绿藻纲（Chlorophyceae）绿球藻目（Chlorococcales）卵囊藻科（Oocystaceae）

纤维藻属（Ankistrodesmus）

㉚镰形纤维藻［Anhistrodesmus falcatus（cord.）Rarfs］：

单细胞或聚合成群，长纺锤形，弯曲呈弓形或镰形，自中部至两端逐渐尖细，末端尖锐，宽 1.5 ~4 微米，长 20 ~80 微米。

㉛针形纤维藻［Ankistrodesmus acicularis（A. Br.）Korch］：

单细胞，针形，直或微弯，自中部至两端逐渐尖细，末端尖锐，宽 2.5 ~3.5 微米，长 40 ~80 微米。

㉜狭型纤维藻（Ankistrodesmus angusus Bern.）：

单细胞，罕为稀疏的聚集成群，螺旋状盘曲，多为 1 ~2 次旋转，先端极尖锐，宽 1.5 ~2.5 微米，长 40 ~60 微米。色素体单个，片状，在细胞中央凹入有缺口，两端几乎充满细胞内壁，无蛋白核。较常见，为偶然性浮游种类。

㉝镰形纤维藻奇异变种（Amlostrpdesmus fulcatus Var.）：

常单细胞，极细长，长度较原种大，各式各样的弯曲，长呈 S 形，先端极尖锐，宽 2 ~3.5 微米，长可达 150 微米。色素体 1 个，细胞中部常为大型空泡所断裂。

10. 绿藻纲（Chlorophyceae）丝藻目（Ulotrichales）丝藻科（Ulotrichaceae）

丝藻属（Ulothrix Kutz）

㉞交错丝藻（Ulothrix variabilis）：

藻丝弯曲缠绕，长 0.5 ~3.0 厘米。细胞圆柱形，宽 5 ~15 微米，长为宽的 0.5 ~2 倍。细胞壁薄。色素体常为不完全带状，具一个大的蛋白核。

㉟单型丝藻（Ulothrix aequalis）：

藻丝细胞常为圆柱形，宽 12 ~22 微米，长为宽的 1 ~2 倍。细胞壁略增厚，常具条纹。色素体宽带状，具一个或多个蛋白核。

11. 双星藻纲（Zygnemaphyceae）双星藻目（Zygnematales）双星藻科（Zygnemataceae）

新月藻属（Closterium Nitzsch）

㊱厚顶新月藻（Closterium dianae Ehr.）：

细胞中等大小，长为宽的10~12倍，有较明显的弯曲，腹缘中部不膨大或略膨大，向顶部逐渐狭窄，顶端钝圆形，其背面斜平及细胞壁增厚；成熟时壁淡红褐色，平滑。每个半细胞具一个色素体，中轴具一列蛋白核，5~6个。细胞宽16~36微米，长181~380微米，顶部宽约6微米。

㊲锐新月藻（Closterium acerosum Ehr.）：

细胞大，狭纺锤形，长为宽的8~16倍，背缘略弯曲，腹缘近平直，向顶部逐渐狭窄，顶部略向背缘反曲，顶端平直圆形，常略增厚。细胞壁平滑，无色，较成熟的细胞呈淡黄褐色，并具略可见的线纹。每个半细胞具一个色素体，中轴具一纵列蛋白核，7~11个。细胞宽26~53微米，长300~548微米。

（二）蓝藻门（Cyanophyta［9］）

1. 蓝藻纲（Cyanophyceae）色球藻目（Chroococcaceae）色球藻科（Chroococcaceae）

（1）色球藻属（Chrooceccus Nag）

㊳束缚色球藻［Choococcus. tenax（Kirch.）Hier］：

植物体由2~4个、少数由8~16个细胞组成的群体，直径20~36微米，蓝色或橄榄绿。群体胶被厚而坚固，明显分层，多为3~4层，无色或黄色至褐色，个体胶被明显分层。细胞在群体中经常互相挤压而呈半球形或具棱角。细胞直径16~21微米，胶被厚4~5微米。

㊴微小色球藻［Chroococcus minutus（Kütz.）Nag.］：

植物体为单细胞或2~4个细胞组成的小群体。群体为圆球形或长圆形。细胞球形或近球形，直径为4~10微米，连胶被6~15微米，内含物均匀。

（2）微囊藻属（Microcystis Kutz）

㊵铜绿微囊藻（Microcystis aeruginosa）：

幼植物体为球形或长圆形的实心群体，后长成为网络状的中空囊状体，随后，由于不断扩展，囊体破裂而形成网状胶状群体。群体胶被透明无色。细胞球形或近球形，直径3~7微米。蓝绿色。一般具伪空胞。

（3）平裂藻属（Merismopedia Mey.）

㊶优美平裂藻（Merismopedia elegans）：

植物体有大有小，小的仅由16个细胞组成，大的由百个以至数千个以上的细胞组成，宽达数厘米。细胞椭圆形排列紧密，宽5~7微米，长7~9微米，内含物均匀，呈鲜艳的蓝绿色。

(4) 蓝纤维藻属（Dactylococcopsis Hansg）

㊷针状蓝纤维藻（Dactylococcopsis acicularis Lemm.）：

植物体为单细胞，或由少数细胞组成的漂浮群体。群体胶被含水分甚高，不明显。细胞纺锤形，直，两端渐延长而尖细，宽2~2.5微米，长45~80微米，内含物均匀，灰蓝绿色。

㊸针晶蓝纤维藻（Dactylococcopsis Rhaphidioides Hansg）：

植物体为单细胞，或几个细胞缠结在一起，胶被明显，无色而透明，均匀，水溶性。细胞纺锤形，直或两端同向或反向弯曲，末端狭小而尖锐，宽1.2~3微米，长14~25微米，内含物均匀，淡蓝绿色。

2. 蓝藻纲（Cyanophyceae）管胞藻目（Chamaesiphonales）厚皮藻科（Pleurocapsaceae）

厚皮藻属（Pleurocapsa Thur）

㊹煤黑厚皮藻（Pleurocapsa fuliginosa Hauck）：

植物体薄皮壳状，暗黑色，单细胞或2~4个以至多个细胞连成群体，群体宽50~100微米。鞘无色。细胞球形，直径5~20微米，内含物均匀，金黄色、红褐色至深紫色。

3. 蓝藻纲（Cyanophyceae）段殖体目（Hormogonales）胶须藻科（Rivulariaceae）

尖头藻属（Raphidiopsis Fritsch et Rich.）

㊺弯形尖头藻（Raphidiopsis curvata Fritsch）：

藻丝自由漂浮或少数成束，呈S形或螺旋形弯曲，宽4.0~7.2微米，长11~13微米。

4. 蓝藻纲（Cyanophyceae）段殖体目（Hormogonales）颤藻科（Osicillatoriaceae）

颤藻属（Pscollatproa）

㊻小颤藻（Oscillatoria tenuis Ag.）：

藻丝胶质薄片状，蓝绿色或橄榄绿色。丝体直，横壁略收缢，宽4~11微米，鲜绿色，末端弯曲逐渐尖细。细胞长2.5~5微米。

㊼巨颤藻（Oscillatoria princeps Vauch.）：

丝体单条或多数，聚集成橄榄绿色、蓝绿色、淡褐色紫色或淡红色胶块。宽16~60微米，长3.5~7微米。

㊽灿烂颤藻（Oscillatoria splendida Grev.）：

植物体鲜蓝绿色或橄榄绿色。丝体直或弯曲，宽2~3微米，长3~9微米。

5. 蓝藻纲（Cyanophyceae）段殖体目（Hormogonales）念珠藻科（Nostocaceae）念珠藻属（Anabaena）

㊾点形念珠藻（Anabaena flos-aquae）：

植物体小，不定型，直径可达2毫米，分散或融合在一起，排列紧密，鞘柔软，黏质。藻丝宽3~4微米，细胞蓝绿色。异形胞宽4~65微米。

（三）硅藻门（Bacillairophyta［10］）

1. 羽文纲（Pennatae）无壳缝目（Araphidiales）脆杆藻科（Fragilariaceae）

（1）等片藻属（Diatoma De Cand.）

㊿普通等片藻［Stephanodiscus astraea（Her.）Grum.］：

壳面椭圆披针形，长30~60微米，宽10~13微米；肋纹在10微米内具6~8条，线纹在10微米内具16条；假壳缝线形，很狭窄。带面长方形，角圆，间生带细。

(51)长等片藻（Diatoma elongatum Ag.）：

壳面细长线形，两端略膨大，长21~120微米，宽2~4微米；淡水普生性种类。

（2）脆杆藻属（Fragilaria Lyngby）

(52)中型脆杆藻（Fragilaria intermedia Grum.）：

细胞常以壳面相联结成带状群体。壳面狭披针形。

(53)变异脆杆藻（Fragilaria virescens Ralfs.）：

两端突然变窄，狭长，末端钝圆；长12~120微米，宽5~10微米。普生性种类。

（3）针杆藻属（Synedra Ehr）

(54)尖针杆藻（Synedra acus Kvta）：

壳面线形披针形，中部相当宽，自中部向两端逐渐狭窄，末端圆形或近头状，长90~300微米，宽5~6微米；横线纹细，10微米内具11~14条；假壳缝狭窄，线形；中心区举行。带面细线形。

(55)近缘针杆藻（Synedra. Affinis Kvtz.）：

壳面披针形，从中部向两端逐渐尖细，末端为较明显的头状；长60~150微米，宽2~5微米，横线纹很短，在壳面中部不间断，10微米内具10~14条；假壳缝宽，披针形；无中心区，带面线性长方形。

(56)双头针杆藻（Synedra amphicephala Kutz.）：

壳面狭披针形，从中部向两端逐渐尖细，长20~75微米，宽2.5~4微米。

2. 羽文纲（Pennatae）管壳缝目（Aulonoraphidinaleslingxing）菱形藻科（Nitzschiaceae）

菱形藻属（Nitzschia Hass.）

(57)肋缝菱形藻（Nitzschia frustulum Grun.）：

壳面线形至线形披针形，两端较长或较短楔形，逐渐狭窄，末端尖圆形。长13~70微米，宽3~5微米。龙骨点10微米内具9~13个；横线纹较粗，10微米内具20~24条。淡水及半咸水普生性种类。

(58)谷皮菱形藻（Nitzschia palea W. Smith）：

壳面线形至线形披针形，两端逐渐狭窄，末端楔形，长20~65微米，宽2.5~5微米；龙骨点10微米内具10~15个；横线纹很细，10微米内具33~40条。

3. 羽文纲（Pennatae）双壳缝目（Biraphidinales）舟形藻科（Naviculaceae）

舟形藻属（Navicula Bory）

(59)尖头舟形藻（Navicula cuspidate）：

壳面菱形披针形，末端略呈喙状，长50~170微米，宽17~37微米，中轴区狭线形；中心区略放宽。

(60)简单舟形藻（Navicula simplex Krassk.）：

壳面披针形，末端喙状，长32~38微米，宽8~10微米；中轴区狭窄；中心区小，圆形；横纹略呈放射状排列，两端斜向极节，10微米内具9~13条。

(61)双球舟形藻（Navicula amphibole CL.）：

壳面椭圆披针形，末端喙状，平截，长34~70微米，宽16~28微米；中轴区狭窄；中心区大，横矩形；横线纹明显由点纹组成，呈放射状排列，在中心区两侧为长短交错排列，10微米内7~10条。

4. 中心纲（Centricae）圆筛藻科（Coscinodiscaceae）

（1）冠盘藻属（Stephanodiscus）

㊷星型冠盘藻［Stephanodiscus astraea（Her）Grun.］：

单细胞，直径30～70微米，壳面具束状放射状点纹。普生性浮游种类，特别大量地生长在富营养型的湖泊中。

（2）直链藻属（Melosira Ag.）

㊸变异直链藻（Melosira varians Ag.）：

链状群体。细胞圆柱形；直径8～35微米，高5～18微米。整个壳平滑无花纹。带面假环沟狭窄，环沟不明显；无颈部，顶端不具棘。

（3）小环藻属（Cyclotella Kutz）

㊹梅尼小环藻（Cyclotella meneghiniana Kutz）：

细胞近鼓形，直径10～30微米。壳面边缘带具放射状线纹，10微米内具8～12条，线纹向壳面边缘逐渐增宽呈锲形；中心区平滑或具极细的放射状的点纹。

（四）黄藻门（Xanthophyta［11］）

1. 黄藻纲（Xanthophyceae）黄丝藻目（Heterotrichales）黄丝藻科（Trionemataceae）

黄丝藻属（Heterotrichales）

㊺近缘黄丝藻（Tribonema. affine. G. S. West .）：

植物体丝状，常聚集成疏松絮状。细胞长圆柱状，长35～40微米，宽5～6微米。有时长可达宽的14倍。色素体1～3个，周生，片状或带状，常交错排列。

㊻小型黄丝藻（Tribonema minus Haz.）：

植物体纤细丝状，常呈絮状漂浮水中。细胞圆柱形，中部常微膨大，长10～40微米，宽5～6微米，长为宽的2～4倍。色素体2～4个，周生，片状，常两两成对排列。

2. 黄藻纲（Xanthophyceae）异球藻目（Heterococcales）肋胞藻科（Pleurochloridaceae）

单肠藻属（Monallantus Parch.）

㊼短圆柱单肠藻（Monallantus brevicylindrus Pasch.）：

细胞圆柱形，较短，长最多不超过宽的一倍半，两端广圆形，长9～12微米，宽6～8微米。细胞壁很柔软平滑。色素体2～4个，少数1个，周生，片状，无蛋白核。具2条不等长鞭毛。

(五) 金藻门 (Chrysophyta [12])

1. 金藻纲 (Chrysophyceae) 金藻目 (Chrysomonadales) 鱼鳞藻科 (Mallomonadaceae)

鱼鳞藻属 (Mallomonas Perty)

㊳具尾鱼鳞藻 (Mallomomas candata Iwan.):

细胞形状多变，卵形、梨形或棒状，前端宽，后端延长呈尾状，长 40～1000 微米，宽 12～30 微米。鳞片椭圆形，宽约 7～9 微米，边缘呈“U”形缺刻，不规则地覆盖在细胞表质上，有时也能成行地排列。

㊴伸长鱼鳞藻 (Mallomonas producta Iwar.):

细胞圆柱形或长圆柱形，两端钝圆，有时略弯曲，长 40～51 微米，宽 9～13 微米。

2. 金藻纲 (Chrysophyceae) 金藻目 (Chrysomonadales) 棕鞭藻科 (Ochromonadaceae)

棕鞭藻属 (Ochromonas Wyss)

㊵变形棕鞭藻 (Ochromonas mutabilis. Klebs.):

细胞椭圆形、卵形到球形，形状不变，特别是基部更明显，长 15～30 微米，宽 8～22 微米。前端略凹入。鞭毛 2 条，不等长。眼点 1 个，收缩胞 2 个，尾部可伸长或缩短。

3. 金藻纲 (Chrysophyceae) 金藻目 (Chrysomonadales) 单鞭金藻科 (Chromulinaceae)

单鞭金藻属 (Chromulina Cienk.)

㊶变形单鞭金藻 (Chromulina ovalis Klebs):

细胞球形，前端中部突起，直径 16～24 微米。鞭毛为体长的 2 倍。表质上具瘤状突起。细胞前端常明显变形。收缩胞 1 个，位于细胞的前端。色素体 1 条，带状，位于细胞中部，呈半环形；核明显，位于细胞基部。

(六) 裸藻门 (Euglenophyta)

1. 裸藻纲 (Euglenales) 裸藻目 (Eulenales) 裸藻科 (Euglenaceae)

(1) 扁裸藻属 (Phacus)

㊷钩状扁裸藻 (Phacus hamatus Pochm):

细胞长卵形，前端明显狭窄，后端较宽呈圆形，具尖尾刺，向一侧呈钩状弯曲；表质具纵线纹，副淀粉2个，呈同心相叠的假环形，有时有一些卵形的小颗粒。鞭毛约为体长的3/4。细胞长38～55微米，厚17微米；尾长约10微米。

（2）裸藻属（Euglena Ehr）

⑬绿色裸藻（Euglena viridis Her）：

细胞极易变形，纺锤形或近圆柱形，细胞长30～90微米，宽10～22微米。

⑭中型裸藻［Euglena intermedia（Klebs）Schmitz］：

细胞易变形，圆柱状，细胞长52～127微米，宽9～13微米。

⑮带形裸藻（Euglena ehrenbergii Klebs）：

细胞极易变形，近带形，略扭曲，细胞长107～375微米，宽11～50微米。

（七）甲藻门（Pyrrophta）

甲藻纲（Pyrrophyceae）多甲藻目（Peridiniales）角甲藻科（Ceratiaceae）

角甲藻属（Ceratium Schr.）

⑯角甲藻（Ceratium hirundinella）：

细胞背腹显著扁平。顶角狭长，平直而尖，具顶孔。底角2～3个，放射状，末端多数尖锐，平直，或呈各种形式的弯曲。有些类型其角或多或少地向腹侧弯曲。横沟几乎呈环状，极少呈左旋或右旋的，纵沟不伸入上壳，较宽，几乎达到下壳末端。壳面具粗大的窝孔纹，孔纹间具短的或长的棘。色素体多数，圆盘状，周生，黄色至暗褐色。细胞长90～450微米。

三、分析与讨论

（一）浮游植物种类组成与水质关系

威尔姆对能耐受污染的20属藻类分别给予不同的污染指数值（表10－1），根据水样中出现的藻类计算总污染指数，如总污染指数大于20为严重污染，15～19为中污染，低于15为轻污染。

表10－1　**威尔姆给予的藻类污染指数**

属名	污染指数	属名	污染指数
组囊藻 Anacystis	1	微芒藻 Micractinium	1
纤维藻 Ankistrodeamus	2	舟形藻 Navicula	3
衣藻 Chlamydomonas	4	菱形藻 Nitzschia	3
小球藻 Chlorella	3	颤藻（微囊藻）Osciliatoria	5

续表

属名	污染指数	属名	污染指数
新月藻 Closterium	1	实球藻 Pandorina	1
小环藻 Cyclotella	1	席藻 Phormidium	1
裸藻 Euglena	5	扁裸藻 Phacus	2
异极藻 Comphonema	1	栅藻 Scenedesmus	4
鳞孔藻 Lepocinclis	1	毛枝藻 Stigeocloinum	2
直链藻 Melosira	1	针杆藻 Synedra	2

经过对各个采样点所存在的藻类进行种类鉴定，并把污染指示种类选出，得表10－2。

表10－2　各采样点藻类种类与污染指数

采样地点	所存的污染指示藻类	污染总指数
Ⅰ	纤维藻、小环藻、舟形藻、菱形藻、栅藻、针杆藻	15
Ⅱ	小环藻、直链藻、舟形藻、菱形藻、颤藻、针杆藻、微囊藻	20
Ⅲ	小环藻、直链藻、舟形藻、栅藻、菱形藻、针杆藻、微囊藻	19
Ⅳ	新月藻、直链藻、舟形藻、栅藻、颤藻、针杆藻、微囊藻	23
Ⅴ	纤维藻、小球藻、直链藻、舟形藻、颤藻、微囊藻、针杆藻	21
Ⅵ	纤维藻、衣藻、新月藻、微囊藻、直链藻、菱形藻、栅藻、针杆藻	22

由表10－1、表10－2可见：Ⅰ沂蒙路北祊河桥底为中度污染，Ⅱ沂蒙路涑河桥底为严重污染，Ⅲ祊沂河界为中度偏强污染，Ⅳ涑沂河界为严重污染，Ⅴ沂河老桥下为严重污染，Ⅵ埠东橡皮坝处为严重污染。由藻类污染指数可以看出，我市城市水体藻类污染已相当严重，多处检出铜绿微囊藻，是近年我市频繁发生的蓝藻水华的优势藻。

（二）藻类的成因、危害

藻类通常是指一群在水中以浮游方式生活，能进行光合作用的自养型微生物，个体大小一般在2～200μm，其种类繁多，均含叶绿素，在显微镜下观察是带绿色的有规则的小个体或群体。它们是水体中重要的有机物质制造者，故在整个水体生态系统中占有举足轻重的作用，是生态系统中不可缺少的一个环节。近年来经济的快速发展，常常忽略了环境保护，大量工业废水、农田灌溉和生活污水排入江中，从而使得江河湖海近岸的营养盐大量富集、超标，造成水体富营养化，这种富营养化的水体成为藻类泛滥的物质条件，特别是在每年的5～10月份夏秋季节，藻类生长极为旺盛，不时地威胁着城市水体安全。

（三）藻类多样性分析

藻类物种多样性是水质的重要体现，富营养化水体多表现为种类较少，但优势种多为重污染指示种。我市城市水体藻类物种多样性调查显示仅为6门8纲13目25科42属96种，与高远调查的沂河流域共检测出浮游植物7门73属181种及变种，其中沂河7门137种、祊河7门134种、东汶河7门75种、蒙河6门67种、涑河6门70种、柳青河7门80种，整体上沂河流域以绿藻和硅藻种类最多，甲藻和隐藻种类稀少，存在较明显的差异。微囊藻、栅藻、颤藻、裸藻等重污染指示种均被检出，与以上规律相符。

表10－3　　临沂城市藻类多样性统计

门类	统计	优势种
绿藻门	2纲4目12科22属共51种	四尾栅藻、爪哇栅藻、盘星藻
蓝藻门	1纲2目4科8属共18种	微囊藻、颤藻
硅藻门	2纲3目3科6属共14种	尖针杆藻
黄藻门	1纲2目2科2属2种	
金藻门	1纲1目3科3属5种	
裸藻门	1纲1目1科2属6种	
6门	8纲13目25科42属96种	

第二节　高浓度CO_2条件下一氧化氮与铁对两种蓝藻生长的影响

一、引言

铜绿微囊藻（Microcystis aeruginosa Kütz.）属蓝藻门微囊藻属，是池塘湖泊中常见的种类。在富营养基质的水体中，pH为8～9.5最适，温暖季节水温28～30℃时繁殖最快，大量繁殖时聚集水面，使水体颜色变灰绿色，易形成水华，具臭味，不仅对鱼类有害，也影响水的使用。

螺旋藻（Spirulina princeps G. S. West）是蓝藻门螺旋藻属，单细胞或多细胞丝状体，无鞘，圆柱形，呈疏松或紧密有规则的螺旋状弯曲。螺旋藻富含各种营养物质和生物活性物质，在食品、医药、化妆品及环境保护等行业都有着广泛的应用。螺旋藻的三大营养素的成分组成具有高蛋白低脂肪的特色，所含有的必需氨基酸的构成符合人体的需要，因此螺旋藻是一个蛋白质宝库，对经济和社会的发展具有非凡的价值。因此，对螺旋藻的研究日益成为一个热点，其开发和利用具有美好的前景。

CO_2 是植物进行光合作用的必需因子。自地球形成植物体后，大气中 CO_2 的浓度逐渐降低，直到稳定到一个较低的浓度状态，1880 年之前的大气 CO_2 浓度大致稳定在 0.028%左右。随着工业的发展，人类的活动特别是矿物燃料的大量使用和植被的破坏，大气中 CO_2 浓度持续上升，目前升到约 0.036%。多数学者认为到 21 世纪中后期大气 CO_2 浓度可能倍增到约 0.072%。CO_2 浓度的升高必然会对海洋生态系统中食物链的初级生产者——藻类产生影响。由于 CO_2 浓度的不断升高，生物学界已经把 CO_2 对植物的影响排进了研究日程中。近年来，CO_2 浓度升高对藻类影响的研究已经取得了很大的进展。

铁是浮游植物生长所必需的微量元素，作为酶和氧化还原蛋白的辅助因子，在一些生物过程中起着重要的催化作用。含铁的蛋白质是光合作用和呼吸电子传输所必需的，铁直接参与硝酸盐和亚硝酸盐的吸收、硫酸盐的还原、氮气的固定、叶绿素的合成以及许多其他的生物合成和降解反应。自 1988 年 Martin 首先提出在某些高营养盐、低叶绿素（HNLC）海区存在“铁限制”，“铁限制”对浮游植物生长的影响已成为生物学界研究的一个热点。近年来又发展了由“铁限制”影响二氧化碳水气交换和温室效应以及铁对水华、赤潮暴发的影响的研究。

NO 是广泛存在于生物体内的一种生物活性自由基，它参与了多种生理过程，如植物的生长和发育、对各种生物和非生物胁迫反应的信息传递和各种生物保护与毒性效应。植物体不仅能自身产生大量 NO，而且能对大气中的 NO 产生反应。NO 可通过与目标分子反应直接起作用，如与过渡金属形成金属 - 亚硝酰基络合物，也可通过改变细胞的氧化还原状态间接起作用。鉴于 NO 特殊的化学性质，本实验进行了在不同 CO_2 浓度下 NO 和铁对两种常见藻类生长规律交互影响的研究，以此来研究在高浓度 CO_2 条件下 NO 对藻类生长的作用。本实验所采用的 NO，来自其供体物质硝普钠（SNP）。

二、材料和方法

（一）藻种与培养

藻种有铜绿微囊藻（Microcystis aeruginosa Kütz.）、螺旋藻（Spirulina princeps G. S. West），将两种藻类分别放入 BG－11（铜绿微囊藻）培养基及 ATCC（螺旋藻）培养基中进行培养，并置于二氧化碳（CO_2）培养箱中静止培养。

培养条件为：温度为 23～25℃，明暗周期为 14∶10（L/D），光照方式为日光灯，光照度为 4500 勒。

实验器材：二氧化碳培养箱，型号 3111；可见光分光光度计，型号 723 型。

（二）含硝普钠培养基和含亚铁氰化钠培养基的制备

1. SNP 溶液

俗称硝普钠，是一氧化氮（NO）的供体，其化学式为 $C_5FeN_6Na_2O \cdot 2H_2O$，分子量为 297.95。

根据公式摩尔量＝质量/分子量，摩尔浓度＝摩尔量/体积，推出配制 5000 微摩尔/升的 SNP 母液所需的质量为 1.8975 克。

2. 亚铁氰化钠溶液

化学式为 $Na_4[Fe(CN)_6] \cdot 10H_2O$，分子量为 484.07。同理推出配制 5000 微摩尔/升的亚铁氰化钠母液所需的质量为 2.42035 克。由上述两种母液分别配制 5 微摩尔/升，10 微摩尔/升，50 微摩尔/升。

表 10－4　　BG－11 培养基的配制

母液	元素	$g \cdot 200mL^{-1}$	培养基中每种母液加入量 mL/L
Stock1	Na_2CO_3	2（$g \cdot 500mL^{-1}$）	（*200 浓度）5
	$K_2HPO_4 \cdot 3H_2O$	4（$g \cdot 500mL^{-1}$）	（*200 浓度）5
	$NaNO_3$	10（$g \cdot 500mL^{-1}$）	（*200 浓度）5
Stock2	柠檬酸	0.6	（*500 浓度）2
	柠檬酸铁	0.6	（*500 浓度）2
	Na2EDTA	0.1	（*500 浓度）2
Stock3	$MgSO_4 \cdot 7H_2O$	7.5	（*500 浓度）2
Stock4	$CaCl_2$	2.7	（*500 浓度）2
Stock5	A^{5+} Co	（见 Zarrouk 配方）	（*1000 浓度）1

3. 培养基的配制

表 10 - 5　　ATCC（螺旋藻）培养基的配制

化学成分	用量（g/L）
$NaHCO_3$	16.8
K_2HPO_4	0.50
$NaNO_3$	2.5
NaCl	1.0
$MgSO_4 \cdot 7H_2O$	0.20
$FeSO_4 \cdot 7H_2O$	0.01
K_2SO_4	1.00
$CaCl \cdot 2H_2O$	0.04
Na · EDTA	0.08

（三）实验设计

将5微摩尔/升、10微摩尔/升、50微摩尔/升硝普钠和亚铁氰化钠分别加入到配制好的BG－11培养基、ATCC（螺旋藻）培养基中，将铜绿微囊藻、螺旋藻两种藻类的藻种接种到BG－11（铜绿微囊藻）培养基及ATCC（螺旋藻）培养基中。然后将其分为三组进行对比实验，一组在室温大气环境下进行培养，另外两组分别静置在CO_2浓度为5%、10%的CO_2培养箱中进行培养。培养条件：温度为23～25℃，明暗周期为14:10（L/D），光照方式为日光灯，光照度为4500勒。培养周期为一周，每隔24小时进行取样测定，每组重复2次。

（四）测定方法

实验发现藻细胞密度（C）与其光密度值（OD）存在着良好的线性关系，所以为了简便起见，在本实验中均用吸光值来表示微藻的生长情况。吸光值的测定：以接种一天后为初始时间，每次充分摇匀试样，然后取出3.00毫升藻液，用723型分光光度计分析此混合物的吸光值。以蒸馏水为空白。每隔24小时定时取样，在波长为460纳米处测定藻液的光密度值作为生长指标，测平行2组取平均值。然后作图观察，并进行讨论。

三、结果

（一）铜绿微囊藻

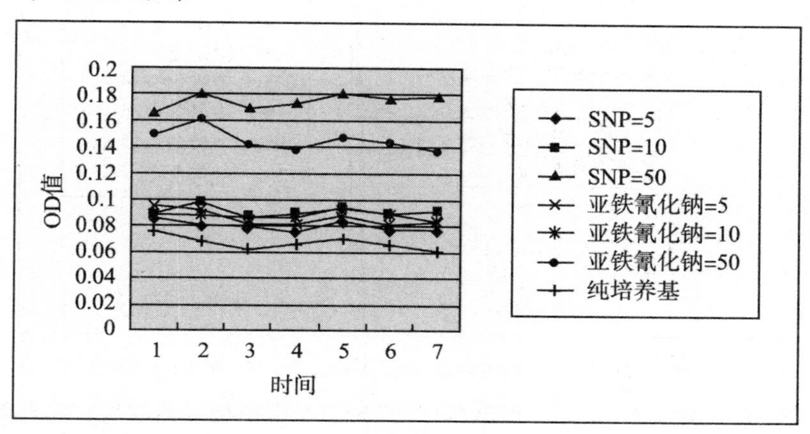

图 10－2 铜绿微囊藻（含铁）0.036%（OD1）

由图 10－2 知，50 微摩尔/升的 SNP 对铜绿微囊藻的生长具有促进作用，50 微摩尔/升的亚铁氰化钠对铜绿微囊藻的生长具有抑制作用，低浓度的 SNP 与亚铁氰化钠对铜绿微囊藻的影响不明显。

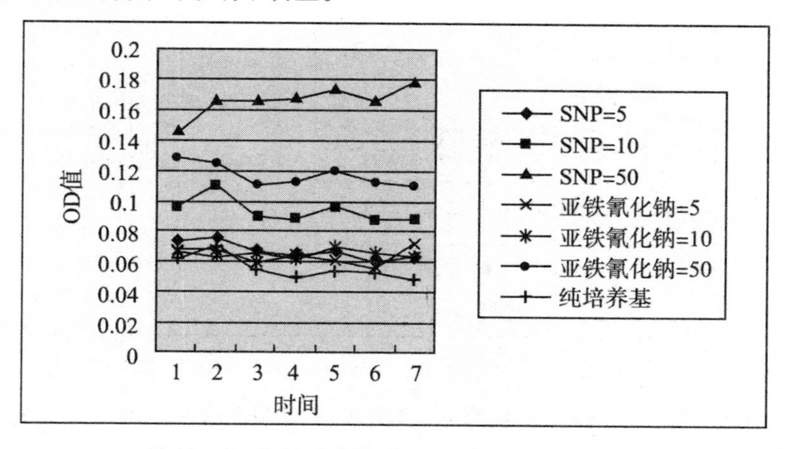

图 10－3 铜绿微囊藻（缺铁）0.036%（OD1）

由图 10－3 知，50 微摩尔/升的 SNP 对铜绿微囊藻的生长具有促进作用，50 微摩尔/升的亚铁氰化钠对铜绿微囊藻的生长具有抑制作用，低浓度的 SNP 与亚铁氰化钠对铜绿微囊藻的影响不明显。

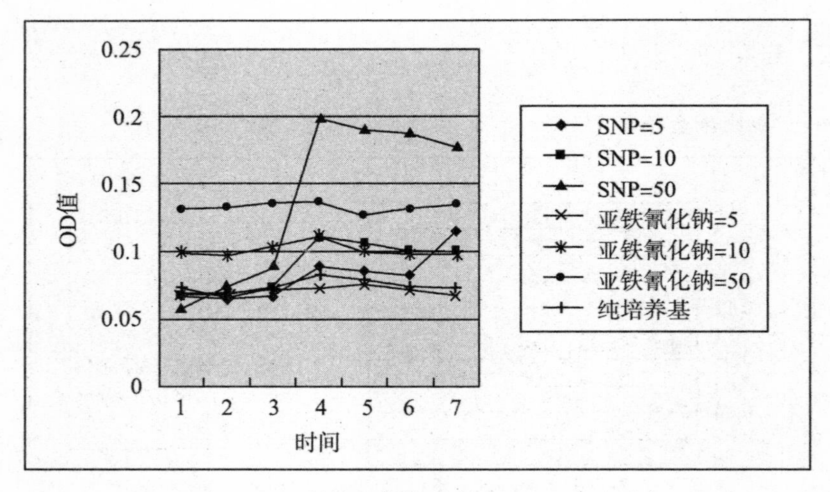

图 10－4　铜绿微囊藻（含铁）5%（OD1）

由图 10－4 知，5、10、50 微摩尔/升的 SNP 对铜绿微囊藻的生长具有促进作用，5、10、50 微摩尔/升的亚铁氰化钠对铜绿微囊藻的生长影响不明显。NO 促进 CO_2的吸收，对高浓度的 CO_2 的毒害具有抑制作用。

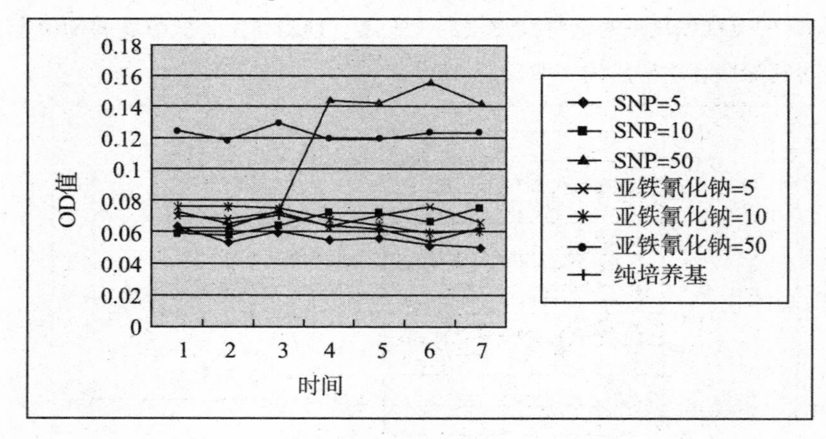

图 10－5　铜绿微囊藻（缺铁）5%（OD1）

由图 10－5 知，5、10、50 微摩尔/升的 SNP 对铜绿微囊藻的生长具有促进作用，5、10、50 微摩尔/升的亚铁氰化钠对铜绿微囊藻的生长影响不明显。NO 促进 CO_2的吸收，对高浓度的 CO_2的毒害具有抑制作用。

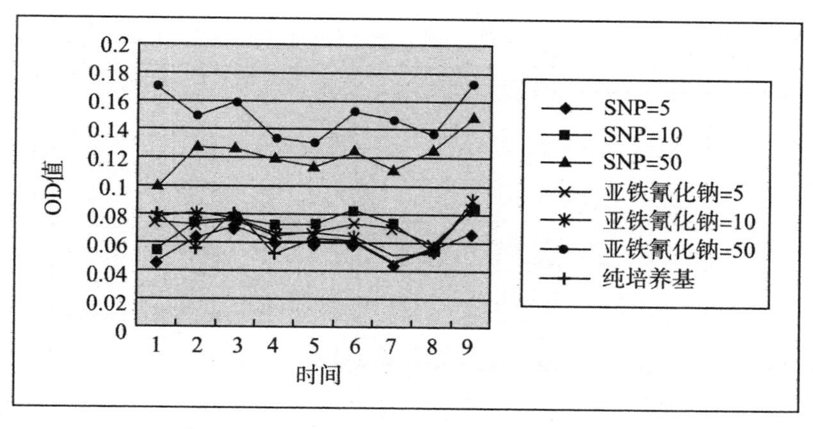

图 10－6　铜绿微囊藻（含铁）10%（OD1）

由图 10－6 知，50 微摩尔/升的 SNP、50 微摩尔/升亚铁氰化钠的 OD 值呈下降趋势，缺铁抑制了微藻对于 CO_2 的吸收。

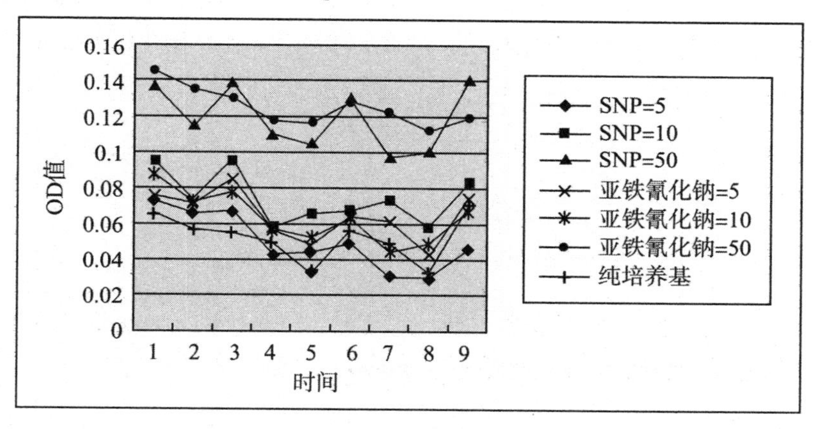

图 10－7　铜绿微囊藻（缺铁）10%（OD1）

由图 10－7 知，5、10、50 微摩尔/升的 SNP 对铜绿微囊藻的生长具有促进作用，5、10、50 微摩尔/升的亚铁氰化钠对铜绿微囊藻的生长影响不明显。NO 促进 CO_2 的吸收，对高浓度的 CO_2 的毒害具有抑制作用。

（二）螺旋藻

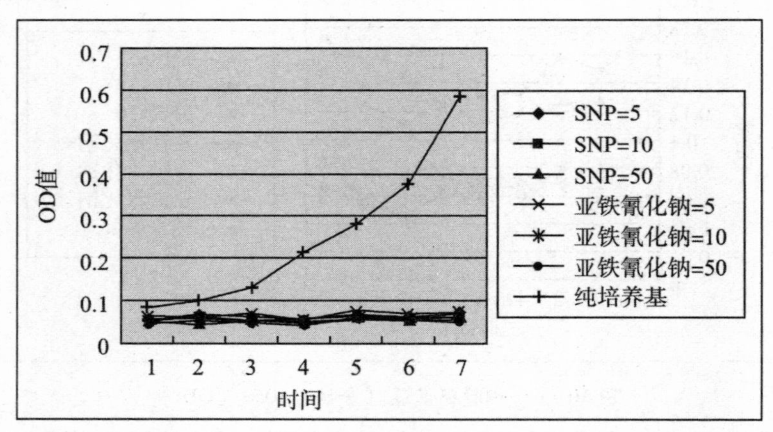

图 10－8　螺旋藻（含铁）0.036%（OD1）

由图 10－8 知，纯培养基下的螺旋藻正常生长，5、10、50 微摩尔/升的 SNP 和亚铁氰化钠对螺旋藻均有抑制作用，螺旋藻对 SNP 和亚铁氰化钠很敏感。

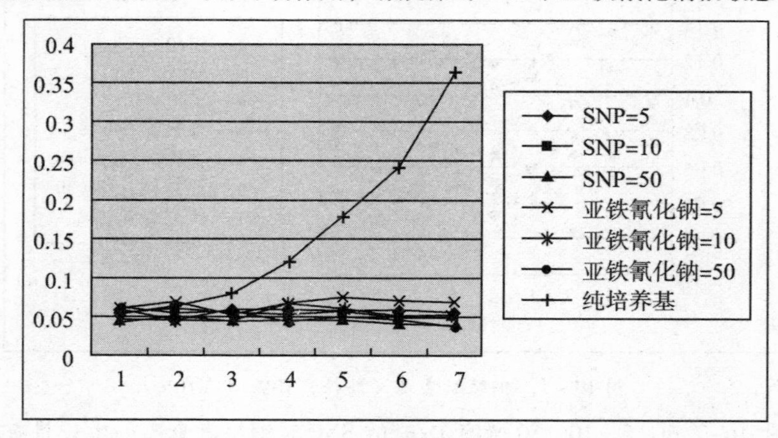

图 10－9　螺旋藻（缺铁）0.036%（OD1）

由图 10－9 知，纯培养基下的螺旋藻正常生长，5、10、50 微摩尔/升的 SNP 和亚铁氰化钠对螺旋藻均有抑制作用，螺旋藻对 SNP 和亚铁氰化钠很敏感。

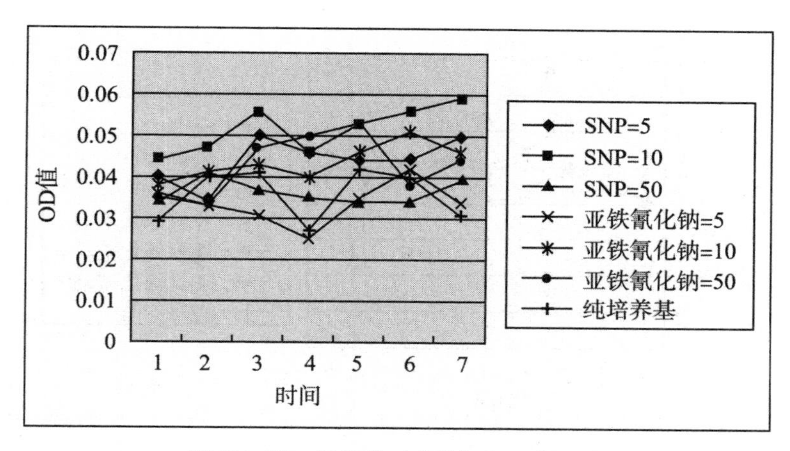

图 10-10　螺旋藻（含铁）5%（OD1）

由图 10-10 知，在此 CO_2浓度下，SNP 对于螺旋藻的生长均有促进作用，亚铁氰化钠的影响不明显。

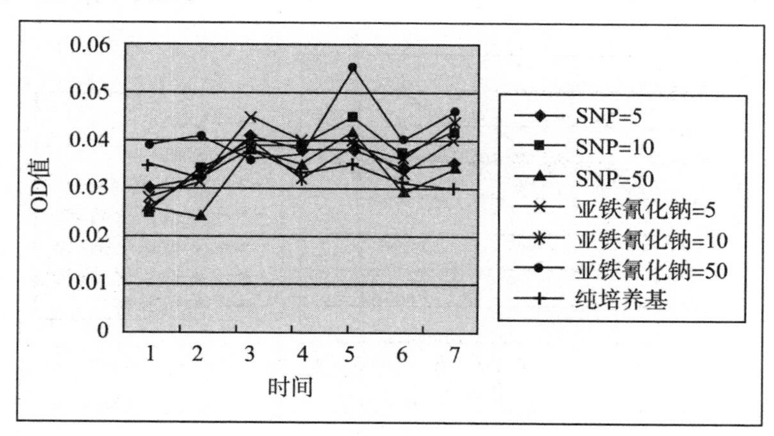

图 10-11　螺旋藻（缺铁）5%（OD1）

由图 10-11 知，5、10、50 微摩尔/升的 SNP 和亚铁氰化钠对螺旋藻的生长均有促进作用。亚铁氰化钠为培养基提供铁。

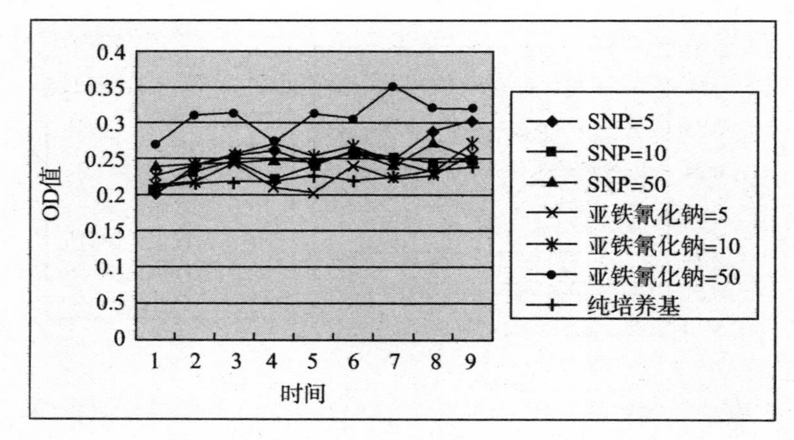

图 10－12 螺旋藻（含铁）10%（OD1）

由图 10－12 知，5、10、50 微摩尔/升的 SNP 对于此 CO_2浓度的螺旋藻的生长均具有促进作用，5、10、50 微摩尔/升的亚铁氰化钠对其影响均不明显。

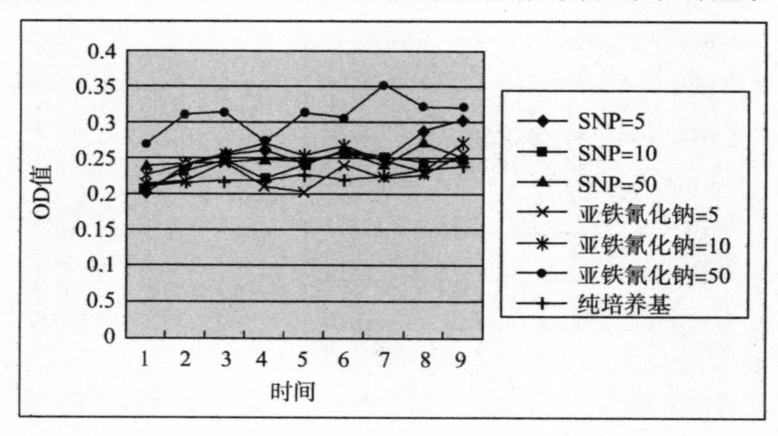

图 10－13 螺旋藻（缺铁）10%（OD1）

由图 10－13 知，5、10、50 微摩尔/升的 SNP 对于此 CO_2浓度的螺旋藻的生长均不明显，5、10、50 微摩尔/升的亚铁氰化钠对其影响均不明显。

四、讨论

（一）NO 和铁对两种微藻生长的共同影响

实验结果表明，在高浓度 CO_2 对两种微藻存在毒害作用情况下，NO 起主要作用，NO 能明显提高两种微藻的生长速率，增加生物量，但铁对浮游植物生长也存在着一定的影响。

低浓度NO能激活酶类反应，参与细胞内的抗氧化系统，能迅速清除脂质自由基（R·），可以充当一个链式反应的破坏者而限制活性氧（ROS）的破坏作用等，从而对微藻起到促进或保护作用；高浓度的NO会引发自由基链式反应，它迅速地扩散到线粒体和叶绿体内部，并通过抑制植物线粒体呼吸链中的细胞色素C氧化酶活性诱导O_2和H_2O_2的大量产生，同时NO也很容易以一个接近扩散控制范围的速度常数与PS部位产生的O_2相互作用，生成具有与OH·相类似生物活性的OONO·，导致叶绿体蛋白质的硝化和亚硝酰化以及降解反应、DNA损伤和诱导脂质过氧化，最终引起光抑制等生理毒害，从而抑制藻的生长或直接杀死微藻细胞。

NO和铁这两种化学物质在植物代谢中都起着十分重要的作用。本研究已表明，NO和铁在浮游植物生长过程中是相互联系、相互影响的。首先，NO与Fe（Ⅲ)有很强的亲和力，可生成金属—亚硝酰基，它会直接影响含铁的酶类的活性，NO也通过与亚铁血红素、硫醇等的各种反应来调节蛋白质的活性。有关NO明确的传递机制，包括NO与铁形成铁—亚硝酰基络合物已有报道。其次，NO与Fe（Ⅲ）本身是自由基，NO具有多种氧化还原形式（NO^+，NO，NO^-），它们会影响细胞内微环境的氧化还原状态，决定了它们的存在形式。NO通过充当氧化剂或抗氧化剂来参与调节细胞的氧化还原的平衡，而氧化还原状态会影响到微藻对铁的传递。最后，光化学还原会影响到海水中微藻对铁的生物可利用性，而研究表明NO调节各种生理过程通常是由光引起的。NO特殊的性质可以解释许多生物效应，只是还不是很清楚，包括铁营养。

（二）高浓度CO_2对微藻生长规律的影响

高CO_2浓度与微藻生长的关系中，存在着促进、抑制及没有影响的效应。这可能与不同微藻种类和实验条件有关。大气CO_2浓度升高能提高浮游植物的初级生产力。高CO_2浓度将促进微藻的生长，提高光合作用，降低微藻脂肪酸的不饱和度；但在实验中发现高浓度CO_2培养条件下，其光合生理特征与普通浓度CO_2相比，有明显的不同。

高浓度CO_2极显著地提高了光合作用速率，这与高浓度CO_2培养导致微藻细胞有较高的生物量是一致的。这可能是因为高浓度CO_2有利于藻光系统Ⅱ的光化学效率的提高，光系统Ⅱ的光化学效率的提高有利于把所捕获的光能以更高的速度和效率转化为化学能，为光合碳同化提供更充足的能量，这可能是高浓度CO_2

有利于光合速率提高的原因之一。

高浓度 CO_2 对微藻生长存在抑制或者毒害作用，其原因可能是因为高 CO_2 浓度使微藻的叶绿素 a 含量降低。CO_2 浓度升高显著降低 SOD、CAT 和 GR 活性。一般认为，极高 CO_2 浓度对细胞是有麻醉作用的，这种麻醉效应表现为抑制细胞生长和光合作用水平，并出现生长的“滞后期（lag phase）”。所以，能在极高 CO_2 浓度下生长的藻类并不多，主要是绿藻和蓝藻。CO_2 浓度的升高必然会对生态系统中食物链的初级生产者——藻类产生影响。

第三节　沂河临沂城区段水体中微囊藻毒素 MCs 的检测

一、引言

目前，能够形成水华的藻类最主要的是蓝藻门的种类，其中常见的是微囊藻（Microcystis）、鱼腥藻（Anabaena）、颤藻（Oscillatoria）、平裂藻（Merismopedia）、束丝藻（Aphanizomenon）、项圈藻（Anabaenopsis）、螺旋藻（Spirulina）、拟柱胞藻（Cylindrospermopsis）、节球藻（Nodularia）、席藻（Phormidium）、鞘丝藻（Lynbya）、微鞘藻（Microcoleus）及浮游颤藻（Planktothrix）等。我国的一些淡水湖泊如太湖、巢湖和滇池等在每年都有不同程度的蓝藻水华发生，其优势种主要是微囊藻（何家菀等，1988），其属蓝藻门蓝藻纲色球藻目色球藻科。

蓝藻是一类极其古老、微小的光合自养原核生物，在长期的进化过程中发展了一套独特的生理学机制和适应特性，形成了极强的生态竞争优势，在适合的环境条件下即可获得最大的生长率，并以指数级迅速增长。与其他种类相比，蓝藻具有自我强化机制作用的生态生长调节素，可使其产生尽可能多的后代，获得竞争优势，形成种类少且数量大的水华。

2009 年 5 月 25 日发生的“沂河”水华，优势种主要是蓝藻门色球藻纲色球藻目色球藻科微囊藻属的铜绿微囊藻。

（一）藻毒素

淡水藻类中毒性最强、污染最广、最严重的是蓝藻，蓝藻（Cyanophyta）是生物界中一类古老且十分特殊的生物类群，分布广泛、适应力强，其重要繁殖场所之一是淡水，尤其是富营养化淡水湖泊。常见蓝藻主要有微囊藻（Microcystis）、鱼腥藻（Anabaena）、颤藻（Oscillatoria）、聚球藻（Synechococcus）、层理鞭线藻（Mastigoclaminosus）等。目前已知能够产生毒素的淡水蓝藻约12属26种（胡宗达等，2004）。有毒蓝藻主要是通过它产生的藻毒素对生态环境和人类造成毒害，受水体富营养化影响，目前有毒蓝藻水华已成为全球性环境问题。这些蓝藻毒素根据化学结构和毒性不同大致可分为三类：环肽类肝毒素（Codd G A，1995）、生物碱类神经毒素（Carmichael，W W 等，1997）及脂多糖类毒素（Duy T N 等，2000）。其中，环肽类肝毒素主要包括微囊藻毒素（MCs）和节球藻毒素（Nodularin）；生物碱类蓝藻毒素主要是嘌呤类的鱼腥藻毒素（Anatoxin）、水华束丝藻毒素（Aphantoxin）和吲哚类的鞘丝藻毒素（Lyngbyatoxin A）；脂多糖类的有内毒素和溶血毒素等。在所有已知的蓝藻毒素中，微囊藻毒素 MCs 可能是一类分布最广、毒性最强的种类之一，与人类关系最为密切。

（二）微囊藻毒素 MCs 的结构

微囊藻毒素 MCs 是一类分子结构为环状七肽类的肝毒素。在微囊藻属（Microcystis）及其他几种主要的蓝藻属中均有发现，为蓝藻的次生代谢产物。MCs 是1982年 Botes 等在铜绿微囊藻中发现的，是一种具有肝毒素活性的蓝藻毒素，并首次采用快速原子轰击质谱（FAB－MS）确定了其分子结构（Botes D P 等，1982），它们的特征是都含有一个环状七肽的结构（D－丙氨酸－L－X－D－赤－甲基－β－D－异天冬氨酸－L－Z－Adda－D－异谷氨酸－N－甲基脱氢丙氨酸），包含3个右旋（D）－氨基酸、2个可以改变的左旋（L）—氨基酸，其中 N－甲基脱氢丙氨酸为一种特殊的氨基酸，含有 α、β 不饱和双键；Adda 结构为3－氨基－9－甲氧基－2，6，8－三甲基－10－苯基－4（E），6（E）－二烯酸。肽环上2、4位两个可变的 L－氨基酸（X 和 Z）的更替及3、7位上氨基酸的去甲基化，衍生出众多的毒素类型。

至今已发现的70多种异构体分别在去甲基化、羟基化、差相异构化、多肽序列上各有差异（Park H D 等，2001；Rivasseau C 等，1998）。其中存在最为普遍、含量较多的是 MC－LR、－RR 和－YR（L、R、Y 分别代表亮氨酸、精氨酸和酪氨酸）（Schripsema J 等，2002）。在微囊藻毒素分子结构中，由于 Adda－谷氨酸部分在与蛋白磷酸酶键合时起着重要作用，所以 Adda 侧链是毒素的生物活性表达的重要基团，其共轭立体结构也会影响其毒性，去除 Adda 后微囊藻毒素的毒性大大降低（Goldberg J 等，1995）。除了微囊藻毒素以外，分别由泡沫节球藻和柱孢藻所产生的五元环肽结构的节球藻毒素和生物碱类的柱孢藻毒素也具有类似的肝毒性（Hawkins PR 等，1985）。

（三）微囊藻毒素 MCs 的毒性和危害

微囊藻毒素 MC - LR 半致死量 LD50 作为衡量指标，它的毒性在自然界已知的毒素中排名第二，仅次于二恶英，被认为是目前发现的最强的肝脏肿瘤促进剂（Nishiwaki - Matsushima R 等，1992）。以小鼠皮下注射 MC - LR，LD50 为 47 皮克/千克（体重），而氰化钠为 4.3 毫克/千克，MC - LR 毒性是后者的约 100 倍（Angeline K 等，1995）。常见的 MCs 根据毒性强弱分为三类：强毒性，MC - LR、- LA和 YR；中度毒性，MC - WR；弱毒性，MC - RR。MCs 污染的特征表现为：种类繁多；含量低，常规指标 TOC、BOD、COD 难以进行描述；毒性大，已经证实属于“三致”（致癌、致畸、致突变）物质；难降解；具有生物放大作用，通过食物链对生态环境造成破坏。

（四）微囊藻毒素 MCs 的检测

由于自然界中微囊藻毒素浓度低、干扰多，且变种繁多，还没有一种方法可以全面、准确地分析样品中所有的 MCs。目前，有关微囊藻毒素的检测方法主要有三种：生物分析法，主要是生物体法；化学法，包括薄层层析法（TLC）、液相色谱法（LC）、液质联用法（LC - MS）、毛细管电泳法（CE）等；免疫化学法，包括指酶抑制 - 蛋白磷酸酶法、各种酶联免疫法（ELISA）。为快速评估水体潜在危害性，为管理部门提供决策依据，我们选用 Beacon 微囊藻毒素检测试剂盒检测。

二、材料与方法

（一）ELISA 检测 MCs 原理

Beacon 微囊藻毒素 MCs 检测试剂盒由可以和微囊藻毒素 MCs 及 MCs 酶标记物结合的多克隆抗体制成，样品中的 MCs 与 MCs 酶标记物竞争结合数量有限的抗体结点。测试孔中包被有羊抗兔抗体，用于捕获加入的兔抗 MCs 抗体。当加入 MCs 酶标记物及含有 MCs 的样品到测试孔中，酶标记物与样品中的 MCs 竞争结合同样的抗体的结合点。孵育完成后洗掉小孔中所有没有结合的分子。每孔中加入干净的底物溶液，连接的酶结合物可以将底物转化成蓝色化合物，一个酶分子可以转化多个底物分子。由于各个孔中抗体可结合位点是相同的，并且加入的 MCs 酶标记物的量也是相同的，样品中 MCs 含量低的则酶标记物结合得多，颜色会显深蓝色；反之，样品中 MCs 含量高的则酶标记物结合得少，颜色会显浅蓝色。根据处理后孔板的吸光度的不同可以定量检测 MCs

（二）环境水样采集与前处理

环境水样取自沂河金一路桥西侧（N35°03′225″，E118°21′644″），采集时间为 2009 年 5 月到 8 月期间，除了无水华爆发时随机加采一次水样以外，其余月份都是在水华爆发期间采样。水样采用横式采水器采集水面下 0.5 米处的表层水样，首先经过砂芯漏斗去除大颗粒杂质，置于 -20℃冷冻避光保存。量取 500 毫升水样经过 0.45 微米滤膜减压过滤。固相萃取步骤：首先依次用 10 毫升 100% 甲醇、10 毫升超纯水活化固相萃取柱；再将过滤后的水样流经固相萃取柱进行富集浓缩，流速为 4 毫升/分，接着依次用 10 毫升超纯水和 20 毫升 30% 甲醇溶液淋洗固定相，最后以 5 毫升 80%（加入 0.05% TFA）甲醇溶液将固定相上的微囊藻毒素洗脱收集。收集液 45℃水浴条件下经氮气吹干至 <0.5 毫升，在 -20℃冷冻避光保存待分析。分析前用甲醇定容至 0.5 毫升。

（三）实验材料和仪器

微囊藻毒素 MCs 检测试剂盒（Beacon 公司，美国），包括：

包被有羊抗兔抗体的微孔板（12×8 条）；

阴性对照品一瓶（0ppb MC-LR）；

0.1 微克/升，0.3 微克/升，0.8 微克/升，2.0 微克/升 MC-LR 标准品各一瓶；

1 微克/升 MC-LR 质控样品一瓶；

微囊藻毒素 HRP 酶标记物一瓶；

兔抗微囊藻毒素抗体溶液一瓶；

底物一瓶；

1 摩尔/升的盐酸停止液一瓶；

100×清洗液；

振荡洗板机，ELX808IU 型全自动酶标仪，Ependof 移液器。

（四）检测程序

将所有试剂及样品置于室温下。

从铝箔袋中拿出要求数量的微孔条，放入干燥剂，并重新封好袋子以免微孔条受潮。

稀释100倍浓缩清洗液为1倍清洗液。例：取5毫升100倍清洗液到500毫升洗瓶中并加入495毫升蒸馏水。

吸取50微升酶标记物到微孔板的每个孔中。

吸取50微升标准，阴性对照，样品到对应微孔中，必须保证每种溶液使用干净的吸头吸取，避免交叉污染。

加入50微升抗体溶液到每个小孔中。

快速震荡，使孔中的溶液混合，并敷上薄膜，或者微孔板可以放在振荡器上震荡孵育，从而达到在孵育期间持续震荡的效果。

孵育30分钟。

孵育完后，去掉封口膜将微孔中的溶液倒入水槽中，用1倍清洗液清洗完全充满微孔，震荡后倒掉，重复四次，总共五次洗板。在吸水纸上拍打，尽可能将水拍干。

每个微孔中加入100微升底物溶液。

盖上小孔并孵育30分钟。

按照加底物的顺序，每孔中加入100微升停止液。停止液为1当量浓度盐酸，需小心操作。

450纳米下读板。

（五）结果计算

①读板之后，求标准曲线，阴性对照，标准，样品的平均吸光度值，并按以下方法计算%BO。

②以%BO为Y轴、以MC－LR标准浓度的对数值为X轴，绘制曲线。

③通过每个样品的BO%，在图上计算出MC－LR的浓度。

④如果样品BO%在设定的标准BO%范围之内，就可以得出一个具体的浓度值。根据试剂盒说明书，质控样品检测值范围应当在0.8～1.3微克/升，定量检测范围在0.1～2微克/升。如果样品BO%出了范围，说明样品浓度大于高浓度的标准或低于低浓度的标准，这时样品必须稀释或浓缩后才能定量检测。

三、结果与计算

（一）标准曲线

按照上述检测和计算方法，系列标准品和质控样品在450纳米下的吸光值以及所得到的标准曲线分别如表10－6和图10－14所示，由此得到提供的质控样品的浓度为1.169微克/升。

表10－6　**标准溶液在450纳米的吸光值**

	浓度 C（μg/L）	吸光度值	平均吸光度值±SD	%RSD	%BO	浓度（μg/L）
阴性对照	0	1.478，1.552	1.448±0.049	3.4	100	
MC－LR	0.1	1.255，1.194	1.294±0.045	3.5	89.36	
	0.3	0.941，0.932	1.036±0.009	0.87	71.55	
	0.8	0.626，0.602	0.628±0.017	2.7	43.37	
	2.0	0.389，0.386	0.386±0.005	1.3	26.66	
	质控样品	0.610，0.634	0.548±0.015	2.7	37.85	1.169

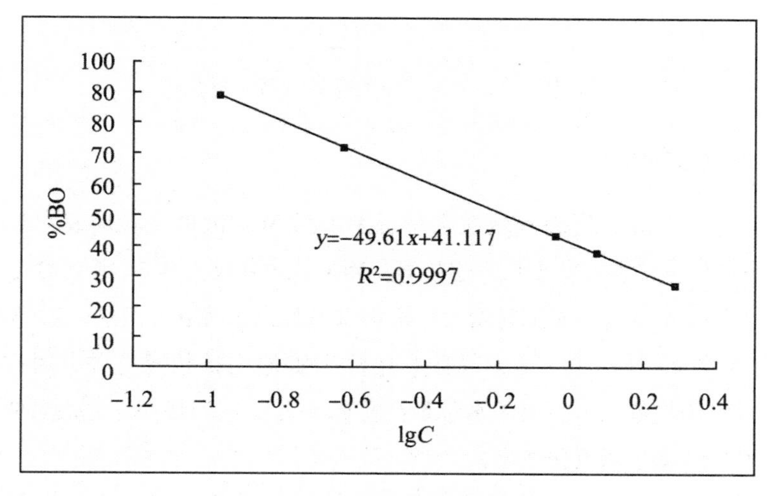

图10－14　检测MCs的标准曲线

（二）检测结果

对水华暴发前后实际水样进行了ELISA方法的MCs总量检测，检测结果列于表10－7。

表 10-7　　2009 年水华暴发前后水样中的 MCs 浓度　　(μg/L, $n=3$)

检测日期	5 月 24 日（桃源橡胶坝）	5 月 24 日	5 月 27 日	5 月 28 日	5 月 30 日	6 月 1 日
MCs 总量	0.67	1.54	2.93	3.36	4.33	4.41
检测日期	6 月 3 日	6 月 13 日	6 月 30 日	7 月 17 日	7 月 29 日	8 月 13 日
MCs 总量	4.02	4.75	3.68	3.44	2.89	1.64

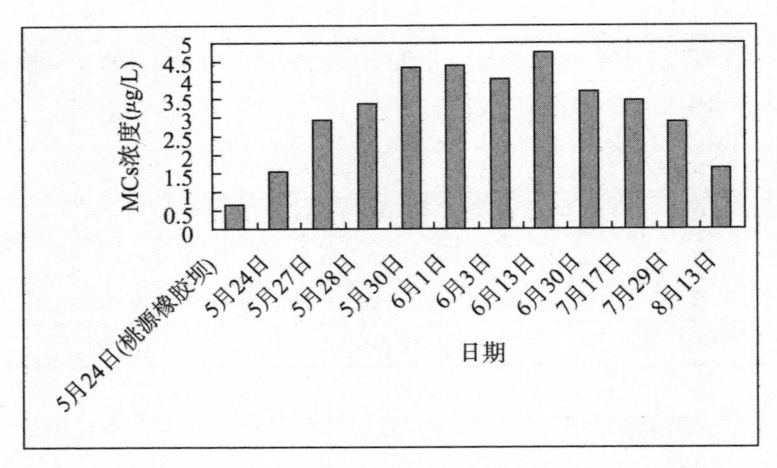

图 10-15　不同时期水样中的 MCs 浓度

四、分析与讨论

从检测结果来看，检测水域在水华暴发前后 MCs 浓度变化明显；5 月 24 日（桃源橡胶坝）可代表未发生水华前数据，MCs 的浓度仅为 0.67 微克/升；一旦水华发生后，MCs 浓度就会有明显增长；毒素水平最高出现在 6 月 13 日，MCs 的浓度高达 4.75 微克/升。这一变化趋势和蓝藻细胞的生长状况有关，通常细胞内 MCs 在蓝藻细胞指数生长晚期即水华最严重的 8 月份达到最高，之后毒素释放出来，造成水中总毒素浓度快速增长。

MCs 类型较多，已报道的水域中最主要的 MCs 类型是 MC-RR 和 MC-LR，并且前者浓度通常高于后者，如滇池、太湖等，我们未进行 MCs 类型分类测定。Rapala 等人认为温度对 MCs 的产生起着重要影响，高于 25℃ 的温度有利于蓝藻细胞产生 MC-RR，反之 MC-LR 就会是优势的毒素类型（Rapala J 等，1998）。夏季温度较低的欧州国家的 MCs 报道中通常发现的是 MC-LR，而我们检测的水体，采样阶段，即使中午 11 时，水温也未超 25℃，因此我们怀疑 MCs 类型是 MC - LR 和 MC - RR，并且前者浓度通常高于后者。由于 MC - LR 对人体毒性较强，因此以后的工作中应全面检测水体中 MCs 总量的同时，加强 MC - LR 类型的检测是非常必要的。

由于本课题研究只为了检验水体中 MCs 的有无，样品采集只是在不同时间、固定地点进行（初始数据存在不对应性），并没有严格遵循环境调查关于时空变迁等因素的要求，所得到的结果不足以真实完全地反映出我市城市水体 MCs 污染状况，但这些数据在一定程度上仍然可以反映出这一水域的蓝藻毒素污染已经比较严重，考虑到微量 MCs 无法被常规净水工艺彻底去除，可以通过饮水、食物链等进入人体，直接对周边一些城市人体健康构成了潜在巨大的威胁。因此，必须充分认识水华危害，必须加强对 MCs 的监测力度，同时加快治理水体进程，消除富营养化现象，遏制我市夏季水华的发生。

第四节　临沂市城市水体水华预警模型研究

水华（water bloom）通常指淡水池塘、河流、湖泊、水库等水体受到污染，氮、磷等营养物质大量增加，致使水体达到富营养化或严重富营养化状态，在一定的温度、光照等条件下，在水面形成或薄或厚的绿色或其他颜色的藻类漂浮物的现象（周云龙等，2004）。一般认为水体中藻细胞叶绿素 a 浓度达到 10 毫克/米^3 或藻细胞达 1.5 × 104 个/毫升时，则被认为该水体出现水华。

水华暴发是由水体的物理、化学和生物过程等多种因素共同作用的结果，各要素之间关系复杂，存在随机性、不确定性和非线性特征，目前对于其发生的临界因素和机理还在进一步研究中（卢小燕等，2003）。对水华暴发的预测主要有两种方法，近年来，Solomatine 和 Dulal 在水文预测中比较了决策树和分段线性统计回归预测方法和神经网络预测方法，认为采取决策树法具有同样的精度，并且模型的输入输出关系明显，结果易于解释（Solomatine D P，2003）。Chen 和 Mynett 应用决策树和分段非线性统计回归方法预测了荷兰海岸带水华的叶绿素 a 浓度变化趋势（Chen Q，2004）。

采用决策树方法和非线性回归方法建立湖泊水华预警模型，应用决策树方法预测水华暴发时机，非线性回归方法预测水华暴发强度。曾勇等以北京“六海”

为例，利用分段线性多元统计回归预测公式，建立了三个由叶绿素 a、水量 Q、水温 T 以及总磷 TP 组成的回归方程，通过这几个回归方程来计算叶绿素 a 的含量，探讨其限制因素发生变化时，水华暴发时机、强度的预测，并运用信号灯显示模型的方法，划分出水华暴发的预警区间，便于采取不同的应对措施，从而达到预测水华的目的（曾勇，2007）。

一、研究方法

水华暴发原因非常复杂，是一个多变量、高度非线性过程。通过决策树方法将整个空间分为不同区间，对不同区间采用线性多元统计回归方法进行预测，整个过程可以看做是非线性预测的线性化过程。

（一）决策树方法（原理）

决策树方法主要应用于分类和预测，回答什么条件下会得到什么值的这类问题，通过确定对象的各属性的重要程度，提取出必要的属性对研究对象进行分类（Mingers J，1989；Quinlan J R，1993）。

1. 决策树生成

当前最有影响的决策树算法是 Quinlan 于 1986 年提出的 ID3 和 1993 年提出的 C4.5。C4.5 是 ID3 的改进算法，不仅可以处理离散值属性，还能处理连续值属性；C4.5 采用了信息增益率作为选择测试属性的标准，优化选择出最能对系统进行分类的属性。

C4.5 计算步骤：在某一判断点处，如该节点的集合 S 由 N 个实例构成，对于某个连续属性 A，分为三步进行处理：

①实例排序。首先，将判定节点处所有的实例按连续属性 A 进行增序排列，得到属性值序列（v_1，v_2，…，v_n）

②生成候选分割点。任何位于两个实例之间的分割点都能同样地将 S 中所有的实例划分为两类：属性的取值属于（v_1，v_2，…，v_i）的实例和属于（v_i+1，v_i+2，…，v_n）的实例，这样，在 A 上有多种可能的分割点，第 i 个分割点为（v_i+v_i-1）/2。

③候选分割点评价。通过对第②步产生的所有分割点进行评价，从中选择一个最好的分割点 SA。首先计算各属性的信息熵：

$$\text{Gam}(S, A) = E(S) - \sum_{v} \frac{|S_v|}{|S|} E(S_v) \qquad (1)$$

式中：Gam（S，A）为样本S在属性A分类上的信息熵；E（S）是样本S的信息熵；S_v是符合给定输出结果标准的样本个数，定义为子集v；E（S_v）是属于子集v的信息熵。

其中信息熵的计算公式为

$$E(S) = \sum_{i=1}^{N} p_i - p_1 \log_2 P_1 \tag{2}$$

式中p_i为样本属子集i的比例。

把集合S分割成两部分而生成的潜在信息计算为

$$\text{spht info}(S, A) = -\sum_{i=1}^{2} \frac{|S_1|}{|S|} \times \log_2 \left[\frac{|S_1|}{|S|} \right] \tag{3}$$

因此，信息增益率的计算公式为

$$\text{gam ratio}(X) = \frac{\text{Gam}(S, A)}{\text{spht}} \text{info}(S, A) \tag{4}$$

2. 剪枝技术

生成决策树后，C4.5算法采取基于错误剪枝技术（EBP）来纠正过度适合问题，即剪去决策树中不能提高预测准确率的分支。

假定样本的错分率UCF可看成是N次实验中某事件发生分类错误E次的概率，CF为置信水平，在C4.5中默认为0.25；假设错分样本的概率服从二项式分布，如下式所示：

$$f[E,N,U_{CF}(E,N)] = \frac{N}{E| * (N-E)|} U_{CF}(E,N)^{E} * |1 - U_{CF}(E,N)|^{N \cdot E} = 0.25 \tag{5}$$

从式（5）中求解计算叶节点的预测样本错分率UCF（E，N）。

接着计算叶节点的预测错分样本数：

$$E_r = N * U_{CF}(E, N) \tag{6}$$

最后，判断是否剪枝以及如何剪枝，分别计算三种预测错分样本数：

①计算以节点t为根的子树Tt的所有叶节点预测错分样本数之和，记为Er1；

②计算子树Tt被剪枝，以叶节点代替时的预测错分样本数，记为Er2；

③计算子树Tt的最大分支的预测错分样本数，记为Er3 。

对以上三个值进行比较，Er2最小时则进行剪枝，把子树Tt剪掉并代以一个叶节点；Er3最小时采用嫁接策略，即用这个最大分枝来替代子树T；Er1最小时不剪枝。

（二）非线性多元统计回归

根据决策树分析结果确定出主要的输入变量以及变量的区间划分，在各区间内，将确定出的主要输入变量作为回归方程的自变量，chla 浓度为因变量，采用 Enter 法进行分段线性回归。分断线性多元统计回归预测公式为（张文彤，2002）

$$y_i = a + b_1 x_{1i} + \cdots + b_n x_{ni} + e_i \tag{7}$$

式中：y_i 称为 i 区间真值 y 的估计值；x_{ni} 为 i 区间第 n 个自变量；a 为截距；b 为偏回归系数；e 为随机误差。

（三）模型的验证

对于决策树预测水华暴发时机的准确率采取下式计算：

$$S = \frac{s}{V} \times 100\% \tag{8}$$

式中：S 为预测成功率，%；s 为预测成功次数；V 为预测样本数。

对于非线性回归方法预测水华暴发强度的准确率，采取相对误差公式计算：

$$S = \frac{|a - A|}{A} \times 100\% \tag{9}$$

式中：δ 为相对误差；a 为预测值；A 为监测值。

（四）水样的采集与处理

根据临沂市城市水体的环境特点和调查目的，我们于 2008 年 4 月至 2009 年 10 月在滨河景区共设置了 10 个采样点，分别为涑河口（N35°04′410″，E118°21′225″）、三河桥处（N35°04′923″，E118°21′501″）、祊河师范学院北校河中（N35°05′877″，E118°19′859″）、桃源橡胶坝（N35°05′237″，E118°22′157″）、三河交汇处（N35°04′316″，E118°21′622″）、沂河解放路桥（N35°03′898″，E118°21′627″）、沂河金一路桥西（N35°03′225″，E118°21′644″）、沂河金一路桥东（N35°03′292″，E118°22′294″）、铁路桥东/南（N35°02′530″，E118°22′710″）、铁路桥东/南（N35°02′379″，E118°22′279″）。各监测点的定性定量样品每隔（0.5 米）深处取水样，表层为 0.5 始。取样现场测定水深、水温、溶解氧（DO）、pH、透明度（SD），同步取样测定的项目有浮游藻类（群落组成、优势种群、细胞密度）、总氮（NT）、总磷（TP）、化学需氧量（CODMn）、生化需氧量（BODS）、叶绿素 a（Chla）。

（五）浮游藻类种类鉴定

在各采样断面中部的水面和水面下 0.5 米处，用 25 号浮游生物网以 20～30 厘米/秒的速度作“∞”字形往复缓慢拖动约 10 分钟后垂直提出水面，将采得的水样倒入标本瓶中，加入鲁哥氏液进行固定。带回实验室，在显微镜下进行藻类的观察、鉴定分类，并全部鉴定到种（胡鸿钧等，1979；章宗涉和黄祥飞，1991；梁象秋等，1995）。

在各采样断面，用有机玻璃采水器按断面左、中、右三点进行定量样品的采集。在各采样断面共计采水样1000毫升，加入15毫升鲁哥氏液进行固定。每个水样带回实验室后浓缩至30毫升，经充分摇匀，用定量吸管取0.1毫升注入计数框内在显微镜下进行藻类计数。每个水样计数3片，并计算平均值（章宗涉和黄祥飞，1991）。

（六）浮游藻类数量测定

采用视野法进行计数，使用0.1毫升计数框。计数时将样品充分摇匀，用移液枪在中央吸出0.1毫升样品，注入记数框内，小心盖上盖玻片（22毫米×22毫米），使标本均匀分布，记数框内应无气泡。然后在显微镜下，以一定放大倍数（600倍）的视野面积记数浮游藻类的细胞数（细胞数比个体数更为精确）。记数时先计算出视野面积，即用物镜测微尺测量视野直径，按圆面积计算。一般每片记数20个视野，所记数的视野在记数框内均匀分配。每一样品记数两次（两片），取其平均值，每次记数的结果与其平均值之差不大于±15%。

在计数时，如遇到一个浮游藻类细胞的一部分在视野内，而另一部分在视野外，则可规定在视野上半圈的细胞不计数，而在下半圈计数。

把记数所得的结果按下列公式换算成每升水中浮游藻类的数量：

$$N=(A\times V_w/A_c\times V)\ n$$

式中：N为每升水中浮游藻类的数量；A为记数框面积；A_c为记数面积（毫米^2），即视野面积乘视野数；V_w为1升水样经沉淀浓缩后的样品体积（毫升）；V为记数框体积（毫升）；n为记数所得的浮游藻类的细胞数。只要计数方法确定，就可以求出一常数K，每次计数只要把n值乘以K，就可得到N。

（七）叶绿素a含量的测定

1. 水样的采集

根据工作需要用采水器采集表层水1升，并加1%碳酸镁悬浊液1毫升以防止酸化引起色素溶解，放置在阴凉处，避免阳光的直射。最好立即对水样进一步处理，如需经过一段时间（4～48小时）处理，则应保存在低温（0～4℃）避光处。

2. 水样的浓缩与萃取

用过滤的方法浓缩水样，过滤前在过滤膜（孔径0.65微米）上加少许碳酸镁悬浊液。将载有浮游藻类样品的滤膜剪碎，放入研钵中，加6～8毫升90%丙酮；在小于1000转/分转速下研磨1～3分钟。滤膜完全磨成糊状后，将样品倒入离心管中，再加少许90%丙酮冲洗研钵2～3次，倒入上述离心管中，使总体积略小于最终体积（10毫升），盖上管塞，摇动后置于4℃冰箱静置。萃取时间不少于8小时和不多于20小时。

3. 离心

将上述装有样品的离心管放入离心机中，在3500～4000转/分转速下离心10～15分钟。将上清液转移入10毫升量筒，再加少量90%丙酮于原抽提用的离心管中，再次悬浮沉淀物并离心，然后将上清液并入量筒中，此操作应重复1～2次，直至沉淀物中不含色素为止，最后将提取后的上清液定容到10毫升。

4. 光密度（OD）的测定

将抽提后的上清液倒入1厘米光程的比色皿中，放入分光光度计中测定665纳米和750纳米处的光密度。加1滴1当量浓度盐酸到比色皿中，在1～15分钟内再次测定665纳米和750纳米波长处的吸光度。

首先计算出提取液在酸化前、后的光密度E_{665b}和E_{665a}

$$E_{665b} = D_{665b} - D_{750b}$$

$$E_{665a} = D_{665a} - D_{750a}$$

$$\text{叶绿素 a}\ (mg/m^3) = (E_{665b} - E_{665a})\ [R/(R-1)]\ K\ [v/(Vl)]$$

式中：R为最大配比，$R = E_b/E_a$，纯叶绿素a的R为1.7，故$(R/R-1) = 2.429$；K为叶绿素a在665纳米处的比吸光系数的倒数乘1000，在丙酮提取液中的比吸光系数为89，故$K = 1000 \times 1/89 \doteq 11.24$；v为提取液总体积（毫升）；$V$为抽滤水样的体积（升）；$l$为分光光度计的比色皿的光程（厘米）。

因此，如提取液体体积为10毫升，比色皿为1厘米，则上式可简化为

$$\text{叶绿素 a}\ (mg/m^3) = 273\ (E_b - E_a)\ /V$$

（八）总氮、总磷、化学需氧量、生化需氧量测定

根据最新国标测定。

二、临沂市城市水体预测

（一）研究区概况

临沂市城市水体预测区域处于市中心的原云蒙湖水域，由南从埠东橡胶坝至

沂河桃源橡胶坝、祊河角沂橡胶坝、涑河入沂口闸。其水源主要来自沂河、祊河、涑河及沿途河岸径流和水面降水，经沂河桃源橡胶坝、祊河角沂橡胶坝、涑河入沂口闸放入，总面积10.70万千米^2，岸堤长31.20千米，总库容2830万米^3。

通过2008～2009年水质监测数据分析发现，水体已经受到较严重的污染，且呈恶化趋势。其水质问题主要是有机物污染和富营养化，其中水体的主要污染因子包括总氮和总磷、CODMn，水质多为Ⅲ类及以下水标准，其中柳青河入口、涑河入口、解放路桥、金一路桥，监测断面处于富营养化到超富营养状态。

研究区自2002年来年年暴发不同严重程度的水华，其水华类型为表面水华。据我们检测到的沂河2008～2009年数据统计，叶绿素a大于30微克/毫升的次数为12次，最长持续时间为17天；叶绿素a大于60微克/升的次数为8次，最长持续时间为9天。

根据研究区的生态环境问题的严重性和优先程度，确定出控制水体的水华暴发为优先目标。近年水华暴发多从金一路桥处始，水质富营养化也较为严重，其水质参数如表10－8所示。以沂河金一路桥水质数据作为预测样本，可达到研究区水质控制要求。

表10－8　　2008～2009年沂河金一路桥平均水质数据

数据名	T/℃	pH	DO/($mg \cdot L^{-1}$)	CODMn/($mg \cdot L^{-1}$)	NH4－N/($mg \cdot L^{-1}$)	TP/($mg \cdot L^{-1}$)	TN/($mg \cdot L^{-1}$)	Chla/($mg \cdot L^{-1}$)	SD/m^3
均值	22.4	8.1	12.0	8.6	0.80	0.21	1.60	71.6	0.5
范围	2.5～31.0	7.2～8.6	5.2～23.4	3.2～23.1	0.10～2.30	0.11～0.37	0.60～3.40	2.7～347.5	0.3～0.7

（二）研究区水华暴发与各限制因素的关系

对2008年4月到2009年10月的沂河金一路桥Chla与各限制因素的周水质监测数据进行分析（图10－16），影响因子水温与叶绿素a浓度之间正相关关系。总磷在2009年与叶绿素a关系呈正相关，但在2008年与叶绿素a呈负相关关系，表明总磷浓度过高，已不再是水华暴发的限制因素。透明度基本上和叶绿素a呈负相关关系，表明水华越严重，透明度就越低。总氮和氨氮与叶绿素a之间呈负相关关系，表明氮已不成为研究区水华暴发的限制因素。来水量与叶绿素a呈负相关关系明显，表明来水量越少，叶绿素a浓度越高。

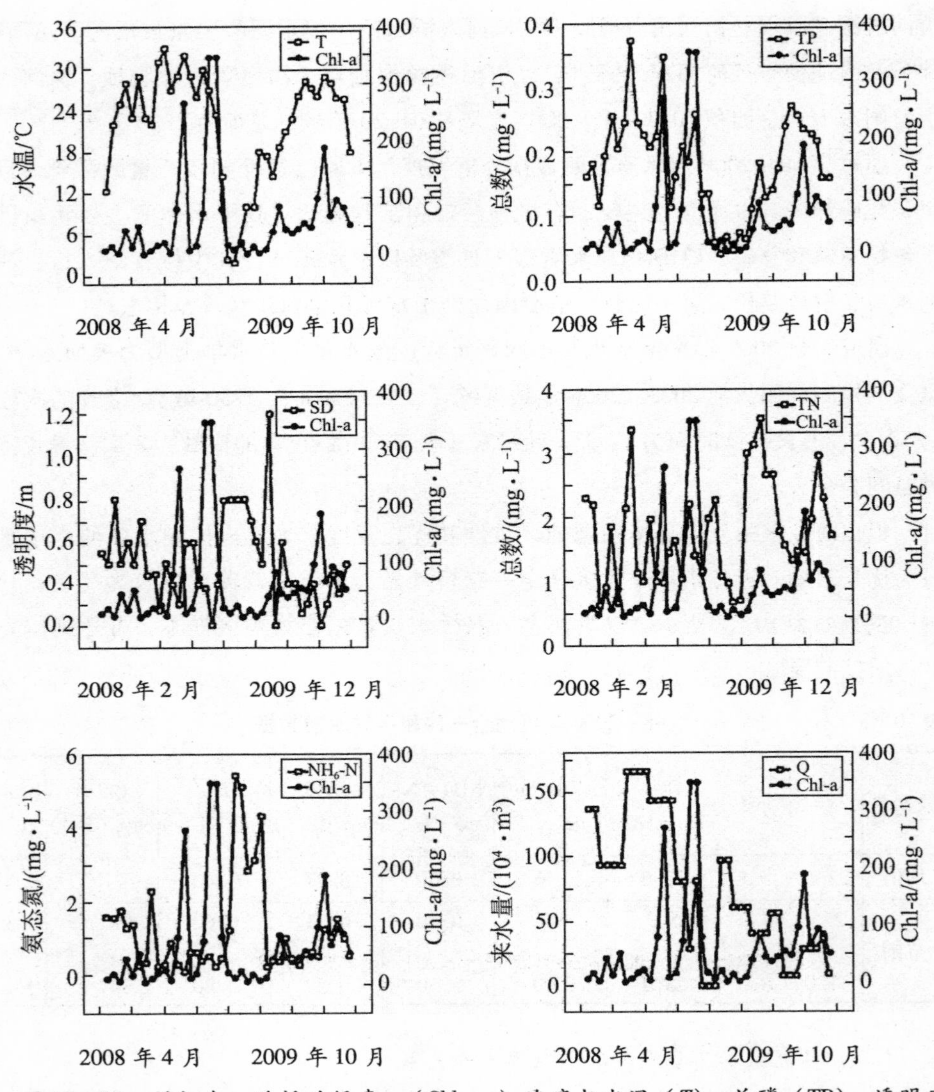

图 10－16　沂河金一路桥叶绿素 a（Chl－a）浓度与水温（*T*）、总磷（TP）、透明度（SD）、总氮（TN）、氨氮（NH4－N）、来水量（*Q*）等因素之间的相关关系

（三）决策树分类结果

选择 2008 年 4 月到 2009 年 10 月沂河的水温、总氮、总磷和氨氮指标的每周监测数据，同时选择上游来水量作为反映研究区水体流动性特征，来水量以半个月的日监测数据总和作为分类指标，共 39 个样本。输出指标取叶绿素 a 浓度作为研究区水华暴发的指示。根据《中国水资源公报编制大纲》中的《湖

泊、水库富营养化评分与分类方法》，评分值≥60 为富营养化水体，当评分值为 60 分时 Chla 的浓度为 26.0 微克/升，评分值为 70 分时浓度为 64.0 微克/升。Chen 和 Mynett 以 Chla 浓度 30 微克/升 和 60 微克/升作为预测荷兰海岸带水华发生的判断标准 。因此，选择 Chla 浓度大于 30 微克/升和 60 微克/升为水华发生标准是适当的。

根据公式计算的分类结果如表 10－9 所示。

表 10－9　**指标分类结果**

指标		输入变量属性				输出变量属性
	T/ ℃	TN/ (mg · L^{-1})	NH4－N/ (mg · L^{-1})	TP/ (mg · L^{-1})	Inflow/ ($10^4 m^3$)	Chl－a/ (μg · L^{-1})
最佳分类点	13.5	0.69	0.90	0.10	89.50	30
信息增益率	0.316	0.191	0.123	0.315	0.343	
最佳分类点	21.15	0.98	1.11	0.14	49.33	60
信息增益率	0.320	0.134	0.122	0.178	0.523	

根据表 10－9 的信息墒的增益率结果，当选择 Chl－a 分类标准为 30 微克/升时，对于系统的分类首先选择来水流量作为第一分类标准，然后选择水温作为第二分类标准，TP 作为第三分类标准建立决策树；当选 Chla 分类标准为 60 微克/升时，对于系统的分类首先选择铁水流量（Q）作为第一分类标准，然后选择水温（T）作为第二分类标准，总磷（TP）作为第三分类标准建立决策树；同时根据剪枝技术简化建立的决策树，最终得到决策规则（表 10－10）。

其次，应该确定水华警戒水平，根据警戒水平设计预警区间，即确定预警分界点。本模型中采用类似交通管制信号红、黄、绿的标志，发出预警信号，进行预警。若预警信号为绿灯，说明水环境状况良好，几乎没有水华现象发生；若叶绿素 a 浓度超 30 微克/毫升，预警信号为黄灯，说明水生态环境系统不正常，有水华出现；若叶绿 a 浓度超过 60 微克/毫升，预警信号为红灯，说明水华问题十分严重，有危险性。

综合表 10－10 不同 Chla 浓度下的分类规则，得出研究区水华暴发预警决策规则，同时根据多元回归式（7），应用 SPSS 软件中 regress 功能，建立研究区水体水华影响要素分段区间的预警规则体系：

表 10-10　　不同 Chla 浓度下的分类规则

规则集	输入变量	输出变量 Chla/（$\mu g \cdot L^{-1}$）	预警指标
规则 1	如果来水量 $Q>89.5\times10^4 m^3$	<30	绿色
规则 2	$Q<89.5\times10^4 m^3$，水温 $T>13.5$℃	>30	黄色
规则 3	$Q<39.5\times10^4 m^3$，水温 $T<13.5$℃	<30	绿色
规则 4	来水量 $Q<49.33\times10^4 m^3$，水温 $T>21.15$ ℃，TP > 0.14mg/L	>60	红色
规则 5	来水量 $Q<49.33\times10^4 m^3$，水温 $T<21.15$ ℃	<60	黄色
规则 6	来水量 $Q>49.33\times10^4 m^3$	<60	黄色

规则 1　如来水量 $Q>89.5$ 万米^3，则预警指标 = 绿色。

规则 2　如来水量 $Q<89.5$ 万米^3，水温 $T<13.5$℃，则预警指标 = 绿色。回归方程为

$$Chla = 12.865 + 0.621T - 0.099Q$$

其中 R 为 0.771。

规则 3　如来水量 $Q<89.5$ 万米^3，水温 $T>13.4$℃，则预警指标 = 黄色。预测回归方程为

$$Chla = 18.708 + 4.515T - 1.21Q$$

其中 R 为 0.412。

规则 4　如来水量 $Q<49.33$ 万米^3，水温 $T>21.15$℃，Tp > 0.14 毫克/升，则预警指标 = 红色。预测回归方程为

$$Chla = -337.7 + 14.114T - 1.148Q + 469.95TP$$

其中 R 为 0.750。

应用 2009 年研究区水质监测部分数据对模型预测效果进行验证。根据式（8）计算水华暴发时机的预测成功率，而暴发强度预测精度则根据式（9）计算。经过检验，采取以上规则，训练集和验证集成功率及其相对误差结果如表 10-11 所示。

表 10 - 11　　模型的训练和验证

模型集合	水华发生标准/（mg·L $^{-1}$）	样本数/个	预测成功率/%	预测精度/%
训练集	<30	9	92	7.30
	>30	7	80	13.6
	其中>60	6	83	6.50
验证集	<30	5	90	14.5
	>30	4	100	9.15
	其中>60	3	100	12.2

从以上模型中可以得出以下规律：来水量、水温和总磷浓度是影响水华暴发的重要因素。其中，提高来水量是防止研究区水华暴发的最有效措施，当每月来水量 $Q>89.5$ 万米^3 时，就能避免研究区水华的严重暴发。水温也是研究区水华暴发的重要限制因子，结果表明，水华暴发时温度一般高于 21.15 ℃。总磷对水华暴发也有影响，它排在最后，揭示研究区水体营养盐浓度过高，已经不成为水华暴发的最主要限制因子。

三、结论

①根据决策树分类模型和分段线性回归法将影响水华暴发的因素进行优选，并对优选出的因素取值范围进行区间的划分，寻找各区间的局部回归模型，因此模型对于处理限制因素发生变化时水华预测结果更为准确，且结构简单，输入输出关系明显，结果易于解释；采取信号灯模型系统，使得模型结果更加直观，便于管理部门针对不同水华警戒水平采取不同的应对措施。

②在春夏秋季每月来水量 $Q<89.5$ 万米^3，水温 $T>13.5$℃，水华预警为黄色。有关部门应加强水质的监控，防止水华突然暴发；同时增加来水量，通过调节桃园、角沂橡胶坝蓄水的优化调度，控制水量和水力要素，优先满足研究区的最小生态需水量；同时加快恢复临沂城市水体水生生态系统结构和功能的完整性。增加临沂城市湿地生态系统的研究与示范区建设、生态河道构建等。

③当夏季每月来水量 $Q<89.5$ 万米^3 时，水温 $T>21.155$℃，$P>0.14$ 毫克/升，水华预警为红色。必须采取应急措施来降低研究区水华暴发的强度和历时：增加来水量，改善水动力学条件；削减水体的外源污染负荷；通过对水体本身直

接进行物理、化学、生物净化工程方法等应急技术措施，就地改善和净化水体水质；可采用人工浮岛净化技术以及气浮、机械收藻、投放安全的微生物制剂等应急技术等。

第五节　蓝藻水华预警监测机制

水华暴发是由水体的物理、化学和生物过程等多种因素共同作用的结果，而且各要素之间关系复杂。因此，有必要对蓝藻进行监测预警，构建蓝藻水华预警监测体系，为政府科学决策提供依据，提高应对蓝藻水华的治理能力和应急处理能力。

一、蓝藻水华预警监测体系的建立

（一）预警机制的建立与分工

为保障预警监测工作顺利实施，必须建立由环保、水利（务）和气象等部门联合组成的蓝藻预警监测机构，整合预警监测资源，建立区域性联动监测体系，实行统一调配、统一指挥、协调运转。

①成立蓝藻水华预警监测领导小组，统一指挥预警监测工作。预警监测领导小组根据环保、水利（务）和气象部门提供的信息进行研判，必要时向专家组咨询，部署预警监测工作。

②由环保、水利（务）和气象部门各抽调1～2名技术人员组成预警监测技术小组，实行联合办公。主要职责为汇总各方信息，对数据综合分析，为领导小组决策提供技术支持。其中，气象部门负责卫星遥感监测及气象观测，环保部门负责取水口（内线）水质、生物预警监测，环保、水利（务）和气象部门负责湖体现场预警观测。

③成立由知名藻类防治专家、各部门高级专业技术人员、高级管理人员组成的专家咨询组，对蓝藻暴发事件的预警结果及其发展趋势进行专业性判断。

预警监测领导小组建立由管理人员、专家、技术人员参加的会商机制，建立环保、水利（务）和气象三个部门共享的信息平台，各部门及时将各自监测数据上报至信息平台，以便预警监测领导小组和技术小组快速掌握蓝藻变化状况，及时采取应对措施。

（二）预警监测方法与时间的确定

根据国内外研究成果，结合近年来的水质现状，以及蓝藻水华形成的过程和主导因子，蓝藻水华预警监测分常规监测和应急监测。常规监测于每年11月至次年3月，对来年蓝藻水华暴发的可能性进行预判；应急监测于每年4月至10月，针对湖体开始发生蓝藻大面积生长的监测，遇特殊情况可适当提前或延长时间。

应急预警监测按照蓝藻暴发的程度分为常态预警监测和加密预警监测，常态预警监测项目及监测频次较低，加密预警监测由预警监测领导小组根据监测（观测）信息研判决定其监测频次。

（三）预警监测的启动

蓝藻水华预警监测领导小组根据各方提供的监测信息进行分析，必要时征求专家组意见，作出是否需要采取相应预警监测的决定，并将有关情况上报市应急工作小组。

1. 常规预警监测

研究表明，当水环境温度达到7～8℃时，微囊藻群体在底泥中开始缓慢地生长；微囊藻群体在15℃时，生长速率增大，并且开始少量地迁移至水体中。水体中总氮、总磷也会显著影响浮游植物的种群组成和生长状况。因此，常规监测以水质自动在线监测为主，监测范围可视财力而定，但不应少于5个，主要监测水温、浊度、pH、溶解氧、总磷、总氮、叶绿素a等指标，每日上报一次监测数据。同时实验室每月分析藻类密度和优势种，并将监测数据与往年同期数据对比分析，尤其与蓝藻水华暴发年代的数据对比，对蓝藻水华的暴发进行预判断。

2. 应急预警监测

于每年4月启动常态预警监测，主要通过卫星遥感监测、气象观测、自动在线监测，实验室藻密度、优势种、叶绿素a监测。常态预警监测每周1次。

应急预警监测范围可分为10个点，依次为埠东橡胶坝北50米、沂河金一路桥侧、沂河解放路桥侧各两点，桃园橡胶坝下100米、柳青河入沂口、祊河口上100米、涑河入沂口各一点。

加密预警监测由预警监测领导小组根据环保、水利（务）及气象监测（观测）信息研判决定。采取加密预警监测措施的主要依据为：卫星遥感图片显示蓝藻大面积出现；水面风速小于3米/秒；处于下风向，温度偏高；常态预警监测结果显示水质异常，水体中微囊藻数量急剧增加；来水量$Q<49.33\times104$米^3；水温

$T>21.15$ ℃；TP >0.14 毫克/升。以上条件各具其一时启动加密预警监测。

加密预警监测将全面启动遥感监测、气象监测、自动在线监测、人工现场观测、实验室分析等监测技术。利用 EOS/MODIS 遥感气象卫星影像资料进行解译，并运用光谱水质模型进行反演，结合地区实时观测的风速、风向、光照、气温等资料，判断蓝藻移动方向、发生面积和距离。自动在线监测重点监测溶解氧变化，通过溶解氧变化趋势判断藻类生长变化。实验室还应对蓝藻暴发期间水体综合毒性、藻毒素进行监测，并提供科学支撑。

水华暴发的一个视觉特征是整个水体中有大量藻类颗粒聚集。多年的实践表明，人工现场观测是最有效、最直观的监测方法，是容易被忽视的一种监测手段。现场观测还可以通过便携式仪器监测风速、风向、水文条件、水温、透明度、pH、溶解氧、蓝绿藻密度和叶绿素等，通过现场监测数据可以制定有针对性的预防措施。

随着计算机技术的快速发展，还可以建立基于宽带 IP 网的数字网络视频监控系统，从而实现对各点水面 24 小时监控，第一时间了解到蓝藻暴发情况。应急加密监测应视蓝藻暴发程度来决定监测的频次，蓝藻暴发最严重时期，所有应急监测项目 1 天监测 2 次，自动在线监测每 2～4 小时上报数据 1 次。

3. 应急监测数据分析

大量实地和实验室监测数据能较好地表征水体蓝藻的特征，但是要更准确地预测蓝藻水华暴发的过程，及时地为政府提供科学决策依据，还需要通过大量模型的运算和推断。目前主要运用 QUAL—II、WASP、SALMO 等水质生态模型。此外，人工神经网络和决策树方法也已成功运用到蓝藻水华暴发的预测中。我们先期所做预警模型即为决策树方法预警模型。

（四）预警信息的发布

预警监测技术小组及时通过内部共用信息平台共享最新的预警监测信息。预警监测工作人员发现数据异常时，经过环保、水利（务）和气象三个部门的统一协商，上报预警监测领导小组。领导小组会同专家组研判蓝藻暴发的预警结果及其发展趋势，并将结果汇报政府和自来水厂。政府负责对新闻媒体报道实施协调管理和指导，对蓝藻暴发事件进行正确的舆论引导，及时向社会公开蓝藻暴发事件的相关信息，保障公民享有知情权，尽可能地减少社会恐慌心理造成的负面影响，树立政府新形象。

（五）预警监测的终止

在采取一系列应急措施之后，根据预警监测小组跟踪监测结果，如显示水质达标，即预警信号为绿灯，不会对人体健康产生影响时，由市应急工作小组依据专家意见作出决定，解除应急响应，恢复正常的常效管理和监测工作。

二、预警监测的保障机制

为确保蓝藻预警监测体系长期有效地运行，政府必须在资金、物资、人才、技术等方面给予预警监测工作小组充分的保障。

（一）资金和物资保障

政府应预先设立蓝藻水华监测的专项资金，以及时应对蓝藻水华的暴发。借鉴国内外蓝藻监测的先进技术，及时更新监测仪器，以提高应对蓝藻暴发的监测能力。各部门预警监测所需资金由政府相关部门提出，经市财政审核后，按规定程序列入年度财政预算。各级财政和审计部门要对应急保障资金的使用和效果进行监管及评估。

（二）人才保障

蓝藻水华预警监测涉及环境、生物、化学、物理、气象、遥感和水文等多个学科，对专业技术人员的要求也较高，既要有扎实的专业知识，还要有丰富的实践经验。因此，对专业人才的培养显得尤为重要，这是科学预警的必要条件。对技术人员的培训可以采取引进来和送出去的方式，引进在蓝藻监测方面有丰富经验的专家学者进行讲课和现场培训，或将技术人员送到科研院所进行系统的培训。

（三）技术保障

蓝藻水华暴发的机理目前在学术界尚未有统一的定论，蓝藻水华的研究工作也需要更进一步的深入。政府应鼓励其对蓝藻发生机理和防治技术研究，加强对蓝藻监测新技术的研发。水质预警的模型现在已有很多，但是真正能在监测部门中推广的却很少。因此，要针对预警监测的需要，开发出合适的蓝藻水华的预警模型和数据库，以提高监测部门的预警能力。

三、结语

水体富营养化依然是我市目前以及今后一段时间所面临的重大水环境问题。蓝藻水华在未来几年仍有暴发的可能，政府所面临的压力依然沉重。对蓝藻水华的形成机制及防治对策国内外科研机构均在深入探索。为进一步完善蓝藻水华预警监测体系，应根据掌握的大量第一手资料展开对蓝藻水华发生的各个阶段主要影响因子研究，尝试根据蓝藻的生理阶段和环境影响因子划分出科学的预警分级，这样才能对蓝藻产生的每一个生理阶段进行早期的预测，尽早为政府决策提供科学依据，以制定更加具有针对性的控制措施，提高政府应对蓝藻的能力，减少由于蓝藻暴发而导致的一系列社会问题和经济损失，保障人民群众身体健康、生活安定。

第六节　临沂市蓝藻集中突发应急预案

一、总则

(一) 编制目的

为了有效保护我市城市水体生态环境，保障生态水城建设的顺利进行，防止蓝藻大面积、高密度疯长而引起水质恶化，降低蓝藻死亡后产生的有害物质对水体造成污染，确保蓝藻打捞有力有效，确保不因蓝藻暴发而导致水体发黑发臭，确保安全万无一失，制定本方案。

(二) 编制依据

依据有关法律、法规的规定制定本方案。

(三) 适用范围

本方案适用于水体突发蓝藻状态下，保障我市水体安全的应急处置。

(四) 工作原则

以治理水体污染为主要目标，防治蓝藻暴发、增加水量、稀释水体是我市调水工作的主要目标任务，也是根本的出发点和落脚点，必须紧抓不放。

①以人为本，预防为主。把防控蓝藻大暴发、保障用水安全作为履行政府社会管理和公共服务职能的重要内容。积极预防、及时控制、消除隐患，提高防范和处理用水安全突发事件能力，对人民负责、让人民知情，确保社会稳定。

②综合治理，统筹兼顾。立足当前、着眼长远，统筹兼顾、多管齐下，围绕“调水、引流、控源、截污、清淤、修复”，加大综合治理力度。做好处理突发事件的思想、物资和技术准备，组织力量开展技术攻关，提高水污染防治工作水平。

③分工负责，协调高效。在市委、市政府的统一领导下，分工负责、协调推进，密切配合、形成合力。针对不同情况分类管理、分级负责，确保高效有序运转。充分发挥地方滨河景区职能作用。

④蓝藻打捞工作坚持“全面覆盖，专业打捞，政府购买，集中处理”的原则，建立健全“机械化打捞与人工打捞相结合，专业化打捞与群众打捞相结合，堆场堆放与资源化利用、无害化处理相结合，政府主导与市场化运作相结合，科学监测预警与应急应对相结合”的长效工作机制，在全社会营造“全民参与，齐抓共管，保护水源，优化环境”的良好氛围。

⑤坚持争取上级支持的总原则，不断加大我市调水力度，争取调更多更好的长江水给太湖、给无锡。

（五）工作目标

确保饮用水水质安全，确保不发生大规模蓝藻暴发导致水质黑臭。

二、组织体系

（一）市应急协调工作小组

1. 工作小组构成

市成立蓝藻集中突发应急工作协调小组，负责帮助和指导我市有关市（县）、区防控蓝藻大暴发、保障用水安全。工作小组由分管副市长为组长，市政府副秘书长、水利局局长、环保局局长任副组长，协调小组由市委宣传部、市发改委、经贸委、监察局、公安局、财政局、水利局、农林局、科技局、卫生局、安监局、海事局、气象局、外经局、环卫处、滨河风景区管理处等部门和单位及上游各县、三区政府组成。

按照处置突发公共事件的相关要求履行职责。应急工作协调小组研究决定的事项，各组成部门要及时迅速贯彻执行。涉及的重大事项，由应急工作协调小组报请市委市政府审定同意后组织实施。协调小组办公室设在市水利局（或滨河景区），市水利局局长兼任办公室主任，市环保局、公用事业局、农林局分管局长兼任办公室副主任。

办公室主要负责布置和协调全市蓝藻打捞和调水引流工作，检查督促有关县、区和责任部门组织好蓝藻打捞工作，及时向省有关部门和市政府上报蓝藻打捞工作进度和调水引流情况信息，协调处理因蓝藻暴发处置的其他事项等。下设调水引流及蓝藻打捞组、点源控污排放组、水质应急监测组、监督组。

2. 协调小组工作职责

组长：负责蓝藻防控、打捞、调水引流等的统一组织工作，下达打捞与调水任务，制定打捞与调水方案，进行任务分工和调整，监督工作过程，检查打捞与调水效果。

副组长：负责蓝藻打捞与调水引流的具体组织工作，负责与环保、农林、园林、公用、城管等有关部门和市（县）、区政府及乡镇、街道等有关单位的协调，监督执行打捞方案，落实人员、物资、装备、技术、堆放场地、后勤保障等一系列指挥协调工作。

市委宣传部：负责蓝藻打捞与处理、调水引流工作的新闻宣传。

市发改委：负责做好蓝藻打捞与处理、调水引流等各类项目的计划安排、项目立项、科研设计的审批。

市经贸委：负责配合环保部门加强对企业排污行为的监督检查。

市监察局：负责做好调水引流、蓝藻打捞、企业排污等的监督检查。

市公安局：负责做好调水引流和蓝藻打捞期间的安全保障工作，维持社会秩序。

市财政局：负责蓝藻打捞船的购置及蓝藻打捞与处理、调水引流等专项资金筹集，加强资金监督管理。

市水利局：负责蓝藻打捞工作的组织协调、技术指导、检查督查、考核验收；负责蓝藻资源化、无害化处理技术的研究攻关，负责蓝藻集中处理的业务技术指导和市级集中处理点的组织协调，负责协调蓝藻专业打捞船只、设备的试验、研制工作，负责协调蓝藻后续处理技术的试验研究和推广应用。确定调水引流应急调度方案并组织实施；组织开展水量、水位、水质的调查和监测；在接到上级水利部门或市政府的调水命令后，下达调水指令，督促调水进程，检查调水效果；及时向市政府、上级水利部门报告水文水质监测情况和调水进展情况；及时向有关部门和临近地区通报水情；协调水利系统和其他部门及单位的矛盾和关系；落实应急调水所需的人员、物资、装备和经费。

市农林局：配合市科技、水利等部门做好蓝藻治理有关技术的试验研究与示范推广。

市环保局：负责水质监测、监督企业排污行为和蓝藻发生、暴发的预警、预报，为蓝藻打捞与调水引流工作提供及时准确的技术支持和信息服务。

市科技局：负责组织大型蓝藻打捞处理机械设备、治理技术的研发。

市卫生局：负责卫生防疫与疾病解释工作。

市安监局：负责调水引流和蓝藻打捞期间各项安全生产的监督工作。

市海事局：负责蓝藻打捞与处理船舶的水面管理，负责组织一线打捞作业人员的安全生产操作的培训工作。

市气象局：负责及时提供气象信息，配合市环保局做好蓝藻的监测预警。

市外经局、市农机局：负责国际先进打捞机械设备的引进。

环卫处：负责打捞后的快速收集与处理，保证蓝藻堆集地无过夜蓝藻。

市滨河景区管理处：负责相关水域的蓝藻打捞与协调工作。

（二）蓝藻突发应急工作协调小组工作制度

1. 值班制度

坚持调水引流组 24 小时值班制和负责领导带班制，保证及时执行指令，处置问题，联系沟通。

2. 例会制度

工作小组在蓝藻大规模暴发时期一般要每周召开例会，根据需要可随时召开，分析形势、排查问题、研究对策、部署工作。会议由组长或副组长召集。

3. 督查指导制度

蓝藻突发期要坚持每天现场检查指导，确保各项应急措施落实到位。

4. 情况报告制度

每天向市政府办公室报送情况。

（三）市（县）、区政府应急协调组织机构

有关市（县）、区成立相应的应急协调工作小组，由政府主要领导或者分管领导担任组长，有关部门负责同志担任成员，按照属地管理、分级响应的原则，做好本行政区域内蓝藻集中突发应急处置工作。

三、预警预防

（一）信息监测

市有关部门和有关县级政府及相关部门，按照“早发现、早报告、早处置”的原则，加强对蓝藻大暴发、供水安全事件预警监测。

（二）信息报告

对下列现象早报告：蓝藻在岸边或水面上呈现片状、条带状或集聚；蓝藻在水面上高密度暴发，大面积聚集，久久不散；蓝藻出现大面积死亡，水面出现腥臭；蓝藻聚集在水源地取水口和风景旅游区；接到上级指示需要打捞作业。

（三）监测重点

依次为埠东橡胶坝北 50 米、沂河金一路桥侧、沂河解放路桥侧各两点，桃园橡胶坝下 100 米、柳青河入沂口、祊河口上 100 米、涑河入沂口各一点。共 7 处断面共计 10 断面进行水量水质同步监测。

四、蓝藻打捞应急处置

（一）打捞范围

小埠东橡胶坝回水断面约 10.7 千米^2。

具体的责任地区和部门、责任范围、责任目标、责任单位和责任人另行规定。

（二）打捞的重点地区

打捞重点水域是埠东橡胶坝、铁路桥西、金一路桥西、解放路桥西、涑河口、沿河岸线等地区。

（三）蓝藻预警机制

蓝藻的发生状况受水温、水位、风向、生长速度诸多环境因素影响。我市在 4 月中旬至 9 月底是藻类生长的适宜期，尤其是夏季的 5～8 月份往往会集中暴发。每年从 4 月 10 日开始，各部门都要根据职能分工建立监察点，及时报告水面蓝藻发生情况。水利局（景区、环保局）要加强巡查，随时掌握水面蓝藻生长情况，发现蓝藻具备打捞条件时即应组织打捞，并通过建立日报制等形式将情况及时通报市政府和有关部门。

（四）打捞准备

①打捞船只准备。使用专业性的打捞船，购置和研制适合我市水域的先进打捞机械和船只，统一船型、统一标志、统一颜色。在专业性打捞船不足的情况下，可利用渔船和旅游船只进行打捞。

②打捞队伍准备。在沿河区域组建专业和非专业的打捞队伍，日常打捞以专业打捞队为主、非专业打捞队为辅。

市级成立蓝藻专业打捞队，对打捞人员和船舶驾驶员组织专门培训，统一配备救生设施、工作服，统一购买人身意外保险。

③堆放场地准备。应准备不少于10个蓝藻堆放场地，环卫处必要时为太湖蓝藻堆放提供后援支持。

④打捞技术准备。蓝藻打捞要逐步推进实施机械化打捞，人工打捞作为辅助手段。不断研究新的打捞办法，学习和引进国内外先进打捞设备和技术，平时做好技术储备，一旦蓝藻大面积暴发，可以立即发挥作用，提高打捞效率。

⑤岸上处置准备。有利用价值的蓝藻，可以联系转让或出售给有关企业和单位进行利用。没有利用价值的蓝藻要做好进一步处理地准备，防止二次污染。

⑥运输设备准备。要做好蓝藻运输车辆、船舶的准备工作，可以用专用车辆、船舶，没有专用车辆、船舶或专用车辆、船舶不足时，可以协调调用垃圾清运车、渔船等进行运输，要准备好运输的线路、道路和装卸器材。

⑦上岸驳载准备。要准备好打捞、运输船只的倒驳地，有专用蓝藻驳岸地，要保证在驳岸时不破坏岸线防洪设施，防止驳岸时造成蓝藻尤其是蓝藻的大量泄漏而污染水面和岸线。

（五）蓝藻信息

蓝藻大面积生长和暴发可在下列情况下被发现：来自各监察点发现报警；来自巡查、督查队伍的报告；来自市民、游客、记者、调查人员等通过电话、信件、专报、手机、互联网、市长热线等向政府、部门及领导个人报告和举报；来自环保、公用事业、农林、水利、园林、城管等部门的通报；来自气象部门的卫星遥感图；来自上级部门的通报。

通过上述发现渠道一旦被证实，即可召开打捞工作准备会，研究蓝藻的打捞方案和计划，决定是否进行打捞和打捞的任务分工、打捞方式、打捞时机。一旦具备打捞条件，即应做出打捞决定，立即进入组织打捞状态，打捞船要在确认后迅速起航，确保1~2小时内进入打捞预定区域开始打捞作业。

（六）打捞

打捞实行属地“三包”的原则：包组织打捞，以市（县）区为主体进行分工；包收集转运和处理；包水面整洁，确保辖区内湖面及沿湖河汊、河道内无蓝藻集聚，无垃圾漂浮物，日产日清，确保不因蓝藻水华暴发而影响饮用水水源安全。

要根据水流、蓝藻流动方向和水域利用价值情况，先多后少，先下游后上游，先重点水域后次要水域。打捞船要交替进行，不间断作业。大型机器作业时可安排专用运输船进行运输。要有指挥船和指挥员现场指挥。特殊情况下也可以夜间作业，抢时间，保安全。

（七）运输

打捞船只满载后即可返航。有条件时可采用打捞船和运输船分工作业的办法，提高打捞效率。返航要按照预定航线航向驳岸地点，按规程驳载上岸，转装汽车。有条件时可由船只直接航载至处置点。要保证运输船只和汽车的安全，防止途中跑冒滴漏，造成二次污染。

（八）处理

堆场临时堆放，要尽可能减少堆放时间，提高堆场利用效率；通过蓝藻发酵产生气体能源，制造沼气，进而发电转换为电能；通过蓝藻堆沤发酵，并与木屑、砻糠等搅拌作为植物的基肥；在蓝藻中添加微生物菌进行除臭、分解等做成有机肥料；焚烧后产生热能；其他处理方法。

要不断探索和研究蓝藻的利用价值，推进实施蓝藻无害化、资源化处理进程。

（九）应急工作结束

当打捞工作按计划完成，水质水面有了明显改观，不再对我市区景观形成任何威胁，或市政府及其应急机构宣布停止应急状态时，蓝藻紧急打捞工作即可停止，恢复到平时监察和有限打捞状态。

（十）后期处理

应急打捞结束后，及时结算、核销经费，市、县（区）、乡镇和街道、乡村四级专用经费要核实下拨到位，为下次打捞作业做好准备。

各打捞作业小组要检查、修复、清洗和清理船只、器械和器材。做好后续蓝藻利用、试验和处理工作。

（十一）应急评估和总结

及时总结评估和修正方案。对组织工作和打捞行动中作出突出贡献的单位和个人进行表扬和奖励，对工作不力、弄虚作假或贻误战机造成工作被动的要提出批评或处分。

五、调水引流应急处置

坚持常年调水引流，当水域出现蓝藻暴发、污染水源地与突发性事件，预测可能危及景观或特殊需要时，在确保防洪安全的前提下，加大调水引流的力度。

一是埠东橡胶坝开闸放水。

二是角沂橡胶坝、桃源橡胶坝开闸放水。

角沂橡胶坝、桃源橡胶坝蓄水优于埠东橡胶坝蓄水水质时，可根据蓄水情况实时开闸放水。当角沂橡胶坝、桃源橡胶坝蓄水水质劣于埠东橡胶坝蓄水水质或可能对苏州及下游地区造成不利影响时，角沂橡胶坝、桃源橡胶坝控制放水，直至关闭。

三是防洪安全调度。

当水位高于相应控制水位，且天气预报临沂市区将出现连续大范围强降雨时，并视雨水情，适时开闸泄洪排水，确保防洪安全。

六、预案管理

本预案由市水利局（园林局）负责制定和解释，并根据情况变化及时修订。

附　录

与2000年第一次湿地资源调查结果的比较分析

一、湿地面积变化

根据全市第一次湿地资源调查（1996～1997年），临沂市湿地共有4类，临沂市现有8公顷以上的湿地270块，总面积55023公顷，占全市总面积的3.2%。其中，100公顷以上的湿地63块，面积为49687.8公顷；河流35条，面积为32411.5公顷；水库28座，面积为17276.3公顷。8～100公顷的湿地207块；水库119座，面积2800.6公顷；河流88条，面积2534.6公顷。

第二次临沂市湿地资源调查，调查湿地斑块659块，包括一般调查斑块650块和9块重点调查湿地斑块，湿地分三类七型，即河流湿地、湖泊湿地和人工湿地三类，永久性河流、季节性或间歇性河流、永久性淡水湖、库塘、水产养殖场、运河和输水河、水稻田七型。湿地调查总面积73477.67公顷（不含水稻田），湿地植被面积12672.02公顷，河流湿地面积48257.54公顷，湖泊湿地面积522.25公顷，人工湿地面积24697.88公顷，占临沂全市面积1719121.3公顷的4.27%；另有水稻常年种植面积65000公顷，合计湿地总面积138477.67公顷（含水稻田），占临沂市面积的8.06%。

10年来临沂湿地面积大幅度增加，由55023公顷增加到73477.67公顷，增加了18454.67公顷，占全市总面积的3.2%上升至4.27%，湿地总面积138477.67公顷（含水稻田），占临沂全市面积1719121.3公顷的8.06%。（也可能是由于调查对象增加的原因）

二、生物多样性变化

根据全市第一次湿地资源调查（1996～1997 年），乔灌木：据调查统计与现有资料记载，全市现有木本植物 72 科 456 种，占全省木本植物的 70%。人工栽培的农作物：全市主要农作物共 32 种，923 个品种，1200 多个品系。杂草：据有关资料记载，全市共有杂草类植物 29 科 101 种，其中湿地常见的有 40 余种；水生植物约有 25 种，主要常见的有苇、藕、蒲、菱、芡实、茭菰、水花生、水浮莲、水葫芦、红萍、绿萍、芜萍。沉水植物有马来眼子菜、轮叶黑藻、苦草、金鱼草、茨藻等。水生动物：共有 6 纲 7 目 18 科 118 种（详见名录）。陆栖动物：常见 5 纲（鸟纲，两栖纲，爬行纲，哺乳纲，详见名录）。

第二次临沂市湿地资源调查，调查湿地植物 71 科 269 种，湿地优势植物主要有黑杨、枫杨、银杏、垂柳、旱柳、葎草、灰绿藜、鬼针草、豨莶草、黑藻、苦草、紫萍、浮萍、水蓼、莲子草、鳢肠、苍耳、稗草、芦苇等。通过外业调查，结合历史资料，获得动物名录 295 种，现有鸟类资源较为丰富，涉及 17 目 45 科 210 余种，其中留鸟 168 种，夏候鸟 29 种，冬候鸟 13 种。白鹳、白额雁、大天鹅、鸳鸯、鹰、雀鹰、松雀鹰、金雕、鹊鹞、灰背隼、红隼、灰鹤、丹顶鹤、白枕鹤、草鸮、红角鸮、领角鸮、纵纹腹小鸮 18 种被列为国家重点保护野生动物，鸊鷉、苍鹭、草鹭、绿鹭、大白鹭、针尾鸭、赤膀鸭、普通秋沙鸭、董鸡、灰斑鸠、四声杜鹃、凤头百灵、太平鸟、黑枕黄鹂、暗绿绣眼鸟、黄雀等 16 种被列为省重点保护野生动物。本地鸟类优势种类主要有树麻雀、家燕、金腰燕、云雀、黑卷尾、白鹡鸰、草百灵、四声杜鹃、大杜鹃、三道眉草鹀、红尾伯劳、虎纹伯劳、牛头伯劳、大山雀、灰喜鹊、沙百灵、白头鹎、黑喉石即鸟、珠颈斑鸠、山斑鸠、黄鹂、金翅雀、绣眼等 45 种，约占实有鸟类的 21%。

由于前后两次调查对象存在差异，绝对数据不便于比较，仅能看出 10 年来生物多样性有增多的趋势。

三、环境状况比较

10 年来，总体湿地环境状况大为改善，水质显著提高，目前湿地地表水大多好于地表水Ⅲ类。

历年世界湿地日主题

为了保护湿地，18 个国家于 1971 年 2 月 2 日在伊朗的拉姆萨尔签署了一个重要的湿地公约——《关于特别是作为水禽栖息地的国际重要湿地公约》，也称作《拉姆萨尔公约》（简称《湿地公约》）。这个公约的主要作用是通过全球各国政府间的共同合作，以保护湿地及其生物多样性，特别是水禽和它赖以生存的环境。

1996 年 10 月湿地公约第 19 次常委会决定将每年 2 月 2 日定为世界湿地日，每年确定一个主题。利用这一天，政府机构、组织和公民可以采取大大小小的行动来提高公众对湿地价值和效益的认识。

历年世界湿地日主题：

1997 年：湿地是生命之源（Wetlands ：a Source of Life）

1998 年：湿地之水，水之湿地（Water for Wetlands，Wetlands for Water）

1999 年：人与湿地，息息相关（People and Wetlands ：the Vital Link）

2000 年：珍惜我们共同的国际重要湿地（Celebrating Our Wetlands of International Importance）

2001 年：湿地世界——有待探索的世界（Wetlands World – A World to Discover）

2002 年：湿地：水、生命和文化（Wetlands ：Water，Life，and Culture）

2003 年：没有湿地——就没有水（No Wetlands – No Water）

2004 年：从高山到海洋，湿地在为人类服务（From the Mountains to the Sea，Wetlands at Work for Us）

2005 年：湿地生物多样性和文化多样性（Culture and Biological Diversities of Wetlands）

2006 年：湿地与减贫（Wetland as a Tool in Poverty Alleviation）

2007 年：湿地与鱼类（Wetlands and Fisheries）

2008 年：健康的湿地，健康的人类（Healthy Wetland，Healthy People）

2009 年：从上游到下游，湿地连着你和我（Upstream – Downstream：Wetlands connect us all ）

2010 年：湿地、生物多样性与气候变化（Wetland，biodiversity and climate change）

2011 年：森林与水和湿地息息相关（Forest and water and wetland is closely linked）

2012 年：湿地与旅游（Wetlands and Tourism）

2013 年：湿地和水资源管理（Wetlands and water resources management）

2014 年：湿地与农业（Wetlands and agriculture）

2015 年：湿地：我们的未来（Wetlands：our future）

附表1 临沂市湿地区名录

序号	湿地区名称	湿地区编码	行政区域名称	主要湿地类型
单独区划的湿地区				
13	沂河湿地区	3720005	沂源、沂水、沂南、临沂市兰山区、郯城	河流湿地
14	沭河湿地区	3720006	莒县、莒南、临沂市河东区、临沭、郯城	河流湿地
34	岸堤水库湿地区	3750003	蒙阴	人工湿地
35	跋山水库湿地区	3750004	沂水	人工湿地
以县域为单位区划的零星湿地区				
	临沂市	371300	临沂市	
94	兰山区零星湿地区	371302	兰山区	
95	罗庄区零星湿地区	371311	罗庄区	
96	河东区零星湿地区	371312	河东区	
97	沂南县零星湿地区	371321	沂南县	
98	郯城县零星湿地区	371322	郯城县	
99	沂水县零星湿地区	371323	沂水县	
100	苍山县零星湿地区	371324	苍山县	
101	费县零星湿地区	371325	费　县	
102	平邑县零星湿地区	371326	平邑县	
103	莒南县零星湿地区	371327	莒南县	
104	蒙阴县零星湿地区	371328	蒙阴县	
105	临沭县零星湿地区	371329	临沭县	

附表2 临沂市湿地无脊椎动物名录

目	科	种中文名	种拉丁名	保护等级	数量状况
十足目	长臂虾科	日本沼虾	Macrobrachium nipponensis		可见
		秀丽白虾	Leander modestus Heller		易见
	匙指虾科	中华新米虾	Caridina		可见
	梭子蟹科	青蟹	Eriochair sinensis		可见
真瓣鳃目	蚌科	背角无齿蚌	Anodonta woodiana		可见
		三角帆蚌	Hjriopsis cumingii		易见
		褶纹冠蚌	Cristaria plicata		可见
列齿目	蚶科	泥蚶	Arca granosa		可见
异柱目	贻贝科	贻贝	Mytilus edulis		罕见
珍珠贝目	扇贝科	栉孔扇贝	Chlamys farreri		罕见
头楯目	阿地螺科	泥螺	Bullacta exarata		可见
有肺目	椎实螺科	耳罗卜螺	Radix auricularia		罕见
原始腹足目	马蹄螺科	马蹄螺	Trochus pyram		罕见
栉鳃目	田螺科	田螺	Cipangopaludina chinensis		易见
基眼目	椎实螺科	椎实螺	Lymnaea		可见
中腹足目	盖螺科	钉螺	Onlomelania		可见

参考文献

[1] 陆健健. 中国湿地[M]. 上海:华东师范大学出版社,1990.

[2] Bil W. Wetlants of the United States[A] In:Whigham D F. Wetland of World: Inventory, Ecology andManagement [M] . USA, KluwerAcademic Publishers, 1993:515-636.

[3] Glooschenko W A. Wetlands of Canada and Greeland [A] . In: Whigham D F. Wetland of World: Inventory, Ecology and Management[M] . USA, Kluwer Acadetmic Publishers, 1993:415-514.

[4] Max Finlayson C. Wetlands of Australian:Northern Aus. [A] In:Whigham D F. Wetland of World: Inventory, Ecology and Management[M]. USA, Kluwer Academic Publishers, 1993:195-251.

[5] Jacobs W S L. Wetlands of Australian: Southern Aus. [A] . In: Whigham D F. Wetland of World: Inventory, Ecology and Management[M] . USA, Kluwer Academic Publishers, 1993:252-304.

[6] 林业部保护司. 湿地保护和合理利用指南[M]. 北京: 中国林业出版社, 1994:1-72.

[7] 国家林业局《湿地公约》履约办公室编译. 湿地公约履约指南[M]. 北京:中国林业出版社,2001:16-17.

[8] 郎惠卿. 中国湿地与保护[A]. 国家林业局保护司:中国湿地保护与持续利用研究论文集[C]. 北京:中国林业出版社,1997:63- 67.

[9] 陈伟烈. 中国湿地植被类型、分布及其保护[A]. 国家林业局保护司. 中国湿地保护与持续利用研究论文集[C]. 北京:中国林业出版社,1997:92-97.

[10] 徐琪. 浅谈我国湿地类型及其管理[A]. 国家林业局保护司:中国湿地保

护与持续利用研究论文集[C].北京中国林业出版社,1997:68-73.

[11] 黄桂林.中国湿地分类及其指标体系的探讨[J].林业资源管理,1995(5):65-71.

[12] 黄桂林,张建军,李玉祥.辽河三角洲的湿地类型及现状分析[J].林业资源管理,2000(4):51-56.

[13] Ambrose R B, Wool TA, Connouy J P, et al. WASP4, a hydrodynamic and water qualitymodel theory, user' smanual, and programmer' s guide [D]. Athous, GA: U S Environmental Protection Agency, 1988.

[14] Ferguson A J D. The role of modelling in the control of toxic blue 2 green algae [J]. Hydrobiologia, 1997,349(130):1- 4.

[15] Frisk T, Bilaletdin′, Kaipainen H, et al. Modelling phytoplankton dynamics of the eutrophic Lake Vortsjav, Estonia [J]. Hydrobiologia, 1999,414:59-69.

[16] Imhoff J F, Sahl H G, Soliman G S H, et al. The Wadi Natrun:chemical composition and microbial mass developments in alkaline brines of eutrophic desert lakes[J]. Geomicrob J , 1979,1(3):219-234.

[17] Marsili Libelli S. Fuzzy prediction of the algal blooms in the Orbetello lagoon [J]. Environmental Modelling & Software, 2004(19):799-808.

[18] Melack J M. Photosynthetic activity of phytop lankton in tropical African soda lakes[J]. Hydrobiology, 1981,81(1):71-85.

[19] Mozelaar R, Stal L J. Fermentation in the unicellular cyanobacterium Microrcytis PCC7806 [J]. Archiv FurHydrobiologie, 1994,162(1/2):63-69.

[20] Mutti. N, Lee J H W. Genetic programming for analysis and realtime prediction of coastal algal blooms[J]. Ecological Modelling,2005,189(3/4):363-376.

[21] Recknagel F, French M. Artificial neural network apporach for modelling and prediction of algal blooms[J]. Ecological Modelling, 1997,96(1/3):11-28.

[22] ScardiM, Harding L W. Developing an empirical model of phytop lankton primary production: a neural network case study[J]. Ecological Modelling, 1999, 120(2/3):213-223.

[23] Seip K L. The ecosystem of a mesotrophic lake2I. Simulating plankton biomass and the timing of phytop lankton blooms [J]. Aquatic Sciences, 1991, 53

(2/3):239-262.

[24] Smith V H. Nutrient dependence of primary productivity in lakes[J]. Limnology Oceanography, 1979,24(6):1051-1064.

[25] Somlyody L. Eutrophication modeling, management and decisionmaking: the KIS2balaton case[J]. Water Science and Technology, 1998,37(3):165-175.

[26] Vollenweider R A. Input out put models with special reference to the phosphorus loading concept in limnology[J]. Schweizerische Zeitschrift Hydrol,1975,37(1):53-841.

[27] Wei B, Sugiura N, Maekawa T. Use of artificial neural network in the prediction of algal buooms[J]. Wat Res, 2001,35(8):2022-2028.

[28] 陈明耀. 生物饵料培养[M]. 北京:中国农业出版社,1995. 56-57.

[29] 董志颖,汤洁,杜崇. 地理信息系统在水质预警中的应用[J]. 水土保持通报,2002,22(1):60- 62.

[30] 窦明,李重荣,王陶. 汉江水质预警系统研究[J]. 人民长江,2002,33(11):38- 40.

[31] 丰江帆,张宏,徐洁,等. 基于 GIS 的太湖蓝藻预警系统研究[J]. 环境科学与技术,2006,29(9):60- 61.

[32] 韩涛,李怀恩,彭文启. 基于 MATLAB 的神经网络在湖泊富营养化评价中的应用[J]. 水资源保护,2005,21(1):24-26.

[33] 李炜. 环境水力学进展[M]. 武汉:武汉水利电力大学出版社, 1999.

[34] 刘春光,金相灿,孙凌,等. pH 对淡水藻类生长和种类变化的影响[J]. 农业环境科学学报,2005,24(2):294-298.

[35] 刘载文,杨斌,黄振芳,等. 基于神经网络的北京市水体水华短期预报系统[J]. 计算机工程与应用,2007,43(28):243-245.

[36] 王冬云,黄焱歆. 海水富营养化评价的人工神经网络方法[J]. 河北建筑科技学院学报,2001,18(4):27-29.

[37] 王洪礼,王长江,李胜朋. 基于支持向量机理论的海水水质富营养化评价研究[J]. 海洋技术,2005,24(1):48-51.

[38] 王志红,崔福义,安全,等. pH 与水库水富营养化进程的相关性研究[J]. 给水排水, 2004,30(5):37- 41.

[39] 王志红,崔福义,安全,等.营养因子与藻生物量的回归模型[J].广东工业大学学报,2005,22(2):26-30.

[40] 邢丽贞, 邱靖国, 王立鹏.水华预警模型研究进展[J].山东建筑大学学报, 2009,24(3):267-271.

[41] 杨广杏,李适宇,李耀初.里湖浮游藻类与氮、磷营养盐的相关性[J].中山大学学报(自然科学版),1998,37(S2):204-207.

[42] 游亮,崔莉凤,刘载文,等.藻类生长过程中DO、pH与叶绿素相关性分析[J].环境科学与技术,2007,30(9):42- 44.

[43] 曾勇,杨志峰,刘静玲.城市湖泊水华预警模型研究——以北京"六海"为例[J].水科学进展,2007,18(1):79- 85.

[44] 张民,孔繁翔,史小丽,等.铜绿微囊藻在竞争生长条件下对氧化还原电位降低的响应[J].湖泊科学,2007,19(2):118-124.

[45] 钟卫鸿,单剑峰,薛浚,等.氮和磷对铜山源水库优势藻生长影响实验研究[J].环境污染与防治,2003,25(1):20-22.

[46] 周群英,高廷耀.环境工程微生物学[M].北京:高等教育出版社,2000.

[47] 朱灿,李兰,董红,等.基于GIS的数字西江水质预警预报系统设计和应用[J].中国农村水利水电,2006(10):9-12.

[48] 朱继业,窦贻俭,方红松.动态系统物元模型在综合水质预报中的研究和应用[J].城市环境与城市生态,1999,12(1):51-54.

[49] 卢小燕,徐福留,詹巍,等.湖泊富营养化模型的研究现状与发展趋势[J].水科学进展,2003,14(6):792-798.

[50] 周云龙,等.水华的发生、危害和防治.生物学通报[J].2004,39(6):11-14.

[51] 杜桂森,等.北京城市河湖的营养状态分析.北京水利[J].2002,6:25-27.

[52] 何志辉,等.淡水生物学[M].北京:农业出版社,1982,129-140.

[53] 何志辉.水生生物学[M].北京:人民教育出版社,1960,23-27.

[54] 周云龙.孢子植物实验及实习[M].北京师范大学出版社,1987,48-59.

[55] 林加涵,等.现代生物学实验(上册)[M].北京:高等教育出版社,2000,133-136.

[56] 陈立群,王友联,等.镜泊湖的浮游藻类及水质评价[J].哈尔滨师范大学

自然科学学报,1994,(1):1- 4.

[57] Wei Y X. Phytoplanktonic chilrophyta, Pyrrophyta and Cryptophyta From Dong Hu(East Lake), Wuhan, Hubei Province. Jour. Wuhan Bot. Research [J]. 1985,3(3):243-254.

[58] 章宗涉.黄祥飞.淡水浮游生物研究方法[M].北京:科学出版社,1995:37-156.

[59] 毕列爵,胡征宇.中国淡水藻志第八卷[M].北京:科学出版社,2004.

[60] 韩茂森,等.中国淡水生物图谱[M].北京:海洋出版社,1995:5-300.

[61] 毕列爵,胡征宇.中国淡水藻志第十卷[M].北京:科学出版社,2004.

[62] 胡鸿钧,等.中国淡水藻类[M].上海:上海科学技术出版社,2006.

[63] 周凤霞,陈剑虹.淡水微型生物图谱[M].北京:化学工业出版社,1988:35-178.

[64] 奚旦立,等.环境监测[M].北京:高等教育出版社,1996:88-93.

[65] 刘健康.高级水生生物学[M].科学出版社,1993:176-197.

[66] 况琪军.汉江中下游江段藻类现状调查及"水华"成因分析[J].长江流域资源与环境,2000,9(1):63-70.

[67] 陈水勇,吴振明,俞伟波,等.水体富营养化的形成、危害和防治[J].环境科学与技术,1999(2):11-15.

[68] 刘春颖,张正斌,陈小睿.一氧化氮和铁对海洋微藻生长的交互影响[J].生态学报,2005,11:1-8.

[69] 张正斌,林彩,刘春颖,等.一氧化氮对海洋浮游植物生长影响的规律及其化学特征研究[J].中国科学,2004,34(5):393- 401.

[70] 牟学延.铁对浮游植物生长和代谢的影响[D].青岛:国家海洋局一所,1998:12-15.

[71] 刘春颖,张正斌,陈小睿,等.一氧化氮和铁对海洋微藻生长的交互影响[J].海洋学报,2005,27(6):122-130.

[72] 张文利,沈文飚,徐朗莱.一氧化氮在植物体内的信号分子作用[J].生命的化学, 2002,22(1):61- 62.

[73] 赵志光,谭玲玲,王锁民,等.植物一氧化氮(NO)研究进展[J].植物学通报,2002,19(6):659- 665.

[74] 楼宜嘉,陈奕,杨隽,等.生理溶液中硝普钠释放一氧化氮通路及其动力学研究[J].浙江大学学报(医学版),2000,29(6):241.

[75] 沈文飚.硝酸还原酶也是植物体内NO合成酶[J].植物生理学通讯.2003,39(2):168-170.

[76] Beligni M V, Lamattina L. Nitric oxide stimulates seedgermination and de-etiolation, and inhibits hypocotyls elongation, three light-inducible responses in plants. Planta, 2000, 210:215-221.

[77] Beligni M V, Lamattina L. Nitric oxide: A nontraditionalregulator of plant growth. Trends in Plant Science, 2001, 6(11):508-509.

[78] Caro A, Puntarulo S. Nitric oxide generation by soybeanembryonic axes. Possible effect on mitochondrial function. FreeRadic Res, 1999, 31(Sup): 205-212.

[79] Dang J. Plants just say NO to pathogens. Nature, 1998, 494:525-527.

[80] Dyrner J, Klessig D F. Nitric oxide as a signal in plants. Current Opinion in Plant Biology, 1999, 2: 368-374.

[81] Leshem Y Y. Nitric oxide in biological systems. Plant Growth Regul, 1996, 18: 155-159.

[82] Leshem Ya'acov Y, Wills Ron B H, Ku Vivian Veng-Va. Evidence for the function of the free radical gas-nitric oxide(NO)-as an endogenous maturation and senescence regulatingfactor in higher plants. Plant Physiol Biochem,1998, 36(11):825-833.

[83] Angeline K,Phillip M,Ellie E. Biotransformation of the cyanobacterial hepatotoxin microcystin-LR,as determined by HPLC and protein phosphatase bioassay. Environ Sci Technol,1995,29(2):242-246.

[84] Botes D P,et al. Configuration assignments of the amino acid residues and the presence of N-methyl dehydroalanine intoxins from the blue-green alga Microcystis aeruginosa. Chem. Soc. Perkin Trans,1982,1:2747-2748.

[85] Carmichael W W,et al. Twolaboratory case studies on the oral toxicity to calves of thefreshwater cyanophyte (blue green alga) Anabaena. osaquae NRC 44-1. Can. Vet. J. ,1977,18:71-75.

[86] Codd G A. Cyanobacterial toxins:occurrence,properties and biological signifi-

cance. Water Science and Technology, 1995, 32(4):149-156.

[87] Duy T N, et al. Toxicology and risk assessment of freshwater cyanobacterial (blue-green algae) toxins in water. Rev Environ Contam Toxicol, 2000, 163: 113-186.

[88] Goldberg J, Huang H, et al. Three-dimensional structure of the catalytic subunit of proteinserine threonine phosphatase-1 . Nature, 1995, 376:745-753.

[89] Hawkins PR, Runnegar M T C, Jackson ARB, and Falconer IR. Severe hepatotoxicity caused by the tropical cyanobacterium(blue-green algae) Cylindrospermopsis raciborskii (Woloszynska) Seenaya and Subba Raju isolated from a domestic water supply reservoir. Appl. Environ. Microbio, 1985, 50:1292-1295.

[90] Nishiwaki-Matsushima R, Ohta T, Nishiwaki S, et al. Liver tumor promotion by the cyanobacterial cyclic peptide toxin microcystin-LR. J cacer Res Clin Oncol, 1992, 118: 420- 424.

[91] Park H D, Namikoshi M, Brittain S M, et al. [-Leul] microcystin-LR, a new microcystin isolated from waterbloom in Canadian prairie lake. Toxicon, 2001, 39: 855-862.

[92] Rapala J, Sivonen K. Assessment of environmental conditions that favor hepatotoxic and neurotoxic Anabaena spp. strains cultured under light limitation at different temperatures. Microbial Ecology, 1998, 36(2):181-192.

[93] Rivasseau C, Martins S, Hennion M-C. Determination of some physiochemical parameters of microcystins(cyanobacterial toxins) and trace level analysis in environmental samples using liquid chromatography. J Chromatography, 1998, 799(1-2):155-158.

[94] Schripsema J, Dagnino D. Complete assignment of the NMR spectra of [D-Leul]- microcystin-LR and analysis of its solution structure. Magn. Reson. Chem, 2002, 40: 614-617.

[95] 胡宗达,周元清. 水华蓝藻毒素研究概述. 云南环境科学. 2004, 23(3): 8-11.

[96] Chen Q, Mynett A E. Predicting phaeocystis globosa bloom in Dutch coastal waters by decision trees and non-linear piecewise regression J. Ecological Mod-

eling,2004,176:277-290.

[97] Gurbuz H. Predicting dominant phytoplankton quantities in a reservoir by using neural networks[J]. Hhydrobiologia,2003,504:133-141.

[98] Maier H R, Dandy G C,Burch M D. Use of artificial neural networks for modeling cyanobacteria Anabaena spp. In the river murray,south Australia J. Ecological modeling,1998,105:257-272.

[99] Mingers J. An Empirical comparison of selection measuresfor decision-tree induction J. Machine learning,1989,3:319-342 .

[100] QuinlanJ R. C415: Programsfor machine learningM. San Mateo, California: Morgan Kaufrmann,1993,1.

[101] Solomatine D P,Dulal K N. Model tree as an alternative to neural network in rainfall-runoffmodelingJ. Hydrological Science Journal,2003,48:399- 411.

[102] Walter M . Predicting eutrophication effects in the Burrinjuck reservoir (Australia) by means of the deterministic model SALMO and the recurren neural network model ANNAJ. Ecological modeling, 2001,146:97-113.

[103] Webb A A, Erskine W D . A practical scientific approach to riparian vegetation rehabilitation in AustraliaJ. Journal of environmental man-agement,2003, 68:329-341.

[104] 金腊华,徐峰俊. 水环境数值模拟与可视化技术[M]. 北京:化学工业出版社,2004.

[105] 卢小燕,徐福留,詹巍,等. 湖泊富营养化模型的研究现状与发展趋势[J]. 水科学进展, 2003,14(6):792-7981.

[106] 裴洪平,罗妮娜,蒋勇. 利用 BP 神经网络方法预测西湖叶绿素 a 的浓度[J]. 生态学报,2004,24(2):246-251.

[107] 全为民,沈新强,严力蛟. 富营养化水体生物净化效应的研究进展[J]. 应用生态学报,2003,14(11) : 2057-2061.

[108] 曾勇,杨志峰,刘静玲. 城市湖泊水华预警模型研究——以北京"六海"为例[J]. 水科学进展, 2007,18(1):79-85.

[109] 张文彤. SPSS11 统计分析教程高级篇[M]. 北京:希望电子出版社,2002.

[110] 周勇,刘凡,吴丹,等. 湖泊水环境预测的原理和方法[J]. 长江流域资源

与环境,1999,8(3):305-311.

[111]《中国生物多样性国情报告》编写组.中国生物多样国情报告[M].北京:中国环境科学出版社,1998.

[112] 湿地国际——中国项目办.湿地经济评价[M].北京:中国林业出版社,1999.

[113] 易烜,吕勇,但新球,等.东江湖湿地效益评价体系初探[J].中南林业调查规划,2006,25(4):48-51.

[114] 崔丽娟.湿地价值评价研究[M].北京:科学出版社,2001.

[115] 崔丽娟.扎龙湿地价值货币化评价[J].自然资源学报,2002,17(4):45-56.

[116] 崔丽娟.鄱阳湖湿地生态系统服务功能价值评估研究[J].生态学杂志,2004,23(4):47-51.

[117] 谢高地,鲁春霞,冷允法,等.青藏高原生态资产的价值评估[J].自然资源学报,2003,18(2):189-196.

[118] Robert C. The Value of the world's ecosystem and natural capital [J]. Nature,1997,387(5):253-260.

[119] 陈汉斌,郑亦津、李法曾,主编.山东植物志(上下册)[M].青岛出版社,1992~1994.

[120] 赵遵田,曹同,主编.山东苔藓植物志[M].山东科学技术出版社,1998.

[121] 李法曾.山东植物精要[M].科学出版社,2004.

[122] 陆时万,等编.植物学(上册)[M].高等教育出版社,1992.

[123] 吴国芳,等编.植物学(下册)[M].高等教育出版社,1991.

[124] 中国高等植物图鉴(1~5册+补编2)[M].科学出版社,1972~1983.

[125] 中国植物志(1~80卷)[M].科学出版社,1978~1999.

[126] 中国动物志.

[127] 中国淡水鱼类图谱大全.